IT kompakt

Die Bücher der Reihe „IT kompakt“ zu wichtigen Konzepten und Technologien der IT:

- ermöglichen einen raschen Einstieg,
- bieten einen fundierten Überblick,
- eignen sich für Selbststudium und Lehre,
- sind praxisorientiert, aktuell und immer ihren Preis wert.

Weitere Bände in der Reihe http://www.springer.com/series/8297

Hans-Georg Fill · Andreas Meier

Blockchain kompakt

Grundlagen, Anwendungsoptionen und kritische Bewertung

Unter Mitwirkung von Matthias Egli,
Mark Fenwick, Daniel Gerber, Felix Härer,
Tim Niemer, Edy Portmann,
Sarah Röthlisberger, Anton Sentic,
Bernd Teufel und Stefan Wrbka

Hans-Georg Fill
Forschungsgruppe Digitalisierung
und Informationssysteme
Departement für Informatik
Universität Fribourg
Fribourg, Schweiz

Andreas Meier
Departement für Informatik
Universität Fribourg
Fribourg, Schweiz

ISSN 2195-3651 ISSN 2195-366X (electronic)
IT kompakt
ISBN 978-3-658-27460-3 ISBN 978-3-658-27461-0 (eBook)
https://doi.org/10.1007/978-3-658-27461-0

Die Deutsche Nationalbibliothek verzeichnet diese Publikation in der Deutschen Nationalbibliografie; detaillierte bibliografische Daten sind im Internet über http://dnb.d-nb.de abrufbar.

Springer Vieweg

Springer Vieweg ist ein Imprint der eingetragenen Gesellschaft Springer Fachmedien Wiesbaden GmbH und ist ein Teil von Springer Nature.
Die Anschrift der Gesellschaft ist: Abraham-Lincoln-Str. 46, 65189 Wiesbaden, Germany

Vorwort

Mit der fortschreitenden Entwicklung der digitalen Wirtschaft und Gesellschaft gewinnt die Sicherheit von Transaktionen im World Wide Web an Bedeutung: Wie können Austauschbeziehungen ohne zentrale Instanz unter den Teilnehmenden risikofrei realisiert werden? Wie lassen sich internationale Verträge zwischen diversen Handelspartnern weltweit absichern? Wie kann ein globales Identitätsmanagement für alle Erdenbewohner vertrauenswürdig realisiert werden? Wie lassen sich Vermögenswerte und Eigentumsrechte weltweit verbindlich speichern und absichern? Eine erfolgsversprechende Antwort zu diesen Fragen lautet: Mit der Blockchain-Technologie.

Die Blockchain ist eine Art elektronisches Register, welches ein dezentrales Transaktionsmanagement über Peer-to-Peer Netzwerke und Konsensalgorithmen realisiert. Jeder gültige Datenblock der Blockchain verweist auf seine vor ihm validierten Blöcke, wodurch eine Kette von verifizierten, unabänderlichen Blöcken entsteht. Da jeweils eine vollständige Kopie der Blockchain auf den Geräten der Teilnehmer vorhanden ist, sind die hinterlegten Informationen für alle Teilnehmer transparent. Zur Validierung der Blöcke wird zufällig ein Teilnehmer der Blockchain ausgewählt und anschließend ein Konsens durch die Mehrheit gefunden.

Zu den bekanntesten Anwendungsfällen für Blockchains zählen Kryptowährungen wie Bitcoin oder Ether. Die Blockchain übernimmt dabei die Rolle einer Bank, indem sie sämtliche Transaktionen validiert und speichert. Bei dieser Anwendung ist die Funktion der Blöcke auf die Erfassung und Überprüfung von Geldtransaktionen limitiert.

Die Blockchain ermöglicht darüber hinaus die Automation verteilter Anwendungsfunktionen, ohne auf eine zentrale Instanz angewiesen zu sein. Dementsprechend groß ist das Interesse von Unternehmen aus unterschiedlichen Branchen.

Das vorliegende Fachbuch erläutert die Grundlagen zu den Datenstrukturen von Blockchains, insbesondere zu Hash-Funktionen und -Bäumen, zur digitalen Signatur, zu den Funktionen von Blockchains sowie zu Konsensalgorithmen. Darüber hinaus werden wichtige Anwendungsoptionen aufgezeigt, rechtliche Fragen aufgeworfen und eine kritische Bewertung zur Blockchain-Technologie gegeben.

Für die Vielfalt der Anwendungsoptionen zur Blockchain und zur Klärung rechtlicher Fragen haben uns Experten unterstützt und einzelne Beiträge verfasst. Wir sind folgenden Fachkollegen zu besonderem Dank verpflichtet:

- Felix Härer vom Departement für Informatik der Universität Fribourg (diuf.unifr.ch) hat den Abschn. 4.1 über Kryptowährungen verfasst und den Abschn. 4.2 über Identity Management überarbeitet und ergänzt.
- Der Abschn. 4.4 über Smart Grid stammt von den Kollegen Bernd Teufel, Anton Sentic und Tim Niemer vom international institute of management in technology (iimt.ch) der Universität Fribourg.
- Edy Portmann vom Institut Human Centered Interaction Science & Technology (human-ist.unifr.ch) der Universität Fribourg sowie seine Mitforschenden Matthias Egli, Daniel Gerber und Sarah Röthlisberger von der Schweizerischen Post bzw. der Postfinance, Bern (post.ch) haben den Abschn. 4.6 über Smart Cities beigesteuert.
- Mark Fenwick von der Fakultät für Recht der Universität Kyushu in Fukuoka, Japan (hyoka.ofc.kyushu-u.ac.jp) und Stefan Wrbka von der Fachhochschule Wien der Wirtschaftskammer Wien (fh-wien.ac.at) haben die rechtlichen Fragen bezüglich der Blockchain-Technologie in Kap. 5 dargelegt.

Das Werk richtet sich an Führungsverantwortliche, Projektleiter und Interessierte, die sich einen Überblick über das Potenzial der Blockchain-Technologie verschaffen möchten. Es soll helfen, Verbesserungen im eigenen Unternehmen, in der Verwaltung oder im öffentlichen Leben zu erkennen und Lösungsansätze anzugehen.

Fribourg
im September 2019

Hans-Georg Fill
Andreas Meier

Inhaltsverzeichnis

1 Motivation Betrugsprävention

Zusammenfassung
Blockchains sind verteilte elektronische Register, die mithilfe kryptografischer Verfahren und Konsensalgorithmen vor Manipulationen geschützt sind und als vertrauenswürdige Quelle von Informationen dienen. Damit können sie insbesondere zur Betrugsprävention eingesetzt werden, unter Verzicht auf zentrale Überwachungsinstanzen. Bekanntheit erlangten sie durch den Erfolg der Kryptowährung Bitcoin, deren Eigenschaften bis heute die Entwicklung von Blockchain-Ansätzen beeinflussen.

Das sogenannte Problem der Byzantinischen Generäle bezieht sich auf die Eroberung der Stadt Konstantinopel im Jahre 1453. Einer Legende nach hatten die Angreifer unter dem osmanischen Sultan Mehmed II. ein Kommunikationsproblem, als sie versuchten, die Stadt von mehreren Seiten gleichzeitig anzugreifen. Der Austausch der Angriffszeit mit Botengängern erschien als schwierig, da einige osmanische Befehlshaber gegen andere intrigierten, um diese beim Sultan Mehmed II. in Misskredit zu bringen. Wegen der stark gesicherten Stadt war es hingegen wichtig, gleichzeitig einen Angriff zu starten. Die Verteidigung der Stadt oblag Kaiser Konstantin XI., der als letzter Kaiser des

H.-G. Fill und A. Meier, *Blockchain kompakt,* IT kompakt,
https://doi.org/10.1007/978-3-658-27461-0_1

Byzantinischen Reiches aller Wahrscheinlichkeit nach während des letzten Sturms durch das osmanische Belagerungsheer fiel.

Das obige Problem tritt in der Informatik ebenfalls auf und ist unter dem Begriff Byzantinischer Fehler bekannt. In einem verteilten Netz von Sensoren für Autobahnen, Flughäfen, Kraftwerken oder Produktionsanlagen werden Nachrichten untereinander ausgetauscht. Falls ein oder mehrere Sensoren fehlerhaft messen und falsche Daten liefern, liegen für wichtige Entscheidungen fehlerhafte Informationen vor. Im Extremfall kann das Netz durch fehlerhafte Messungen resp. Übertragungen zum Erliegen kommen, falls einzelne Knoten diese falschen Informationen weiterverwenden.

Im Jahre 1982 haben Lamport, Shostak und Pease den Forschungsbericht ‚The Byzantine Generals Problem' veröffentlicht (siehe Lamport et al. 1982) und aufgezeigt, dass obiges Kommunikationsproblem gelöst werden kann, falls ein Konsensalgorithmus unter den Generälen angewendet wird.

Die Blockchain ist ein verteiltes elektronisches Register, dessen Sicherheit gegen Manipulationen mithilfe kryptografischer Verfahren und dank Konsensalgorithmen gewährleistet wird. Dabei wird auf eine zentrale Überwachungsinstanz verzichtet.

Kryptowährungen[1] wie Bitcoin, Ether u. a. basieren auf der Blockchain-Technologie (Hosp 2018; Berentsen und Schär 2017) und sind täglich in den Medien präsent. Viele sprechen von einem Hype, obwohl es immer wieder kritische Stimmen dazu gibt. Beispielsweise warnt der bekannte Investor Warren Buffet die Anleger vor virtuellen Währungen. Er vergleicht den Hype mit der Tulpenmanie in Holland von 1637, die als eine der

[1]Kryptowährung oder Kryptogeld sind digitale Zahlungsmittel, die mit Hilfe asymmetrischer Verschlüsselungsverfahren abgesichert werden und keiner zentralen Kontrolle (Bank, Aufsicht) unterliegen. Neben der bekanntesten Währung Bitcoin mit der zur Zeit größten Kapitalisierung gibt es über 4000 weitere digitale Währungen (Wikipedia 2018), welche auf der Blockchain-Technologie oder anderen technischen Ansätzen beruhen.

ersten Spekulationsblasen in die Wirtschaftsgeschichte einging. Kürzlich bezeichnete Warren Buffet die digitalen Währungen in seinem Interview vom 7. Mai 2018 beim TV-Sender CNBC gar als ‚rat poison squared' (Rattengift hoch zwei).

Am 1. November 2008 veröffentlichte Satoshi Nakamoto (Pseudonym) eine E-Mail unter dem Titel ‚Bitcoin P2P e-cash paper' mit den Worten: ‚I've been working on a new electronic cash system that's fully peer-to-peer, with no trusted third party' (Nakamoto 2008a). Als wichtigste Eigenschaften hob er u. a. hervor:

- ‚Double-spending is prevented with a peer-to-peer network.
- No mint or other trusted parties.
- Participants can be anonymous.
- New coins are made from Hashcash style proof-of-work.'

Den Vorschlag konkretisierte Satoshi Nakamoto in seinem Beitrag über ‚Bitcoin – A Peer-to-Peer Electronic Cash System' (Nakamoto 2008b).

Die kürzeste Formulierung zur Charakterisierung der Blockchain lässt sich als Gleichung schreiben (siehe Meier und Stormer 2018): Blockchain = Distributed Ledger + Consensus. Diese verkürzte Form geht auf Niklaus Wirth zurück, der in seinen Vorlesungen an der ETH in Zürich zu sagen pflegte: Programs = Data Structures + Algorithms (Wirth 1976). In abgewandelter Form definiert sich die Blockchain (Software) als Distributed Ledger (Datenstruktur für dezentrale Buchführung) plus Consensus (Konsensalgorithmus zur Betrugsprävention).

Das vorliegende Buch führt in die Blockchain-Technologie ein und beschreibt ihre wesentlichen Bestandteile. Darauf aufbauend werden Anwendungsbereiche für Blockchains beschrieben, die sich bereits in Umsetzung befinden oder aktuell erforscht werden. Ein eigenes Kapitel, das von den Autoren Mark Fenwick und Stefan Wrbka beigesteuert wurde, widmet sich den rechtlichen Aspekten von Blockchains. Abschließend wird die Technologie einer kritischen Einschätzung unterzogen.

Literatur

Berentsen, A., Schär, F.: Bitcoin, Blockchain und Kryptoassets. Books on Demand, Norderstedt (2017)

Hosp, J.: Kryptowährungen einfach erklärt – Bitcoin, Ethereum, Blockchain, Dezentralisierung, Mining, ICOs & Co. München, Finanzbuch Verlag (2018)

Lamport, L., Shostak, R., Pease, M.: The Byzantine General Problem. ACM Trans. Program. Lang. Syst. **4**(3), 382–401 (1982)

Meier, A., Stormer, H.: Blockchain = Distributed Ledger + Consensus. In: Kaufmann, M., Meier, A. (Hrsg.) Blockchain (HMD Zeitschrift der Wirtschaftsinformatik **55**(6)), S. 1139–1154. Springer, Heidelberg (2018)

Nakamoto S.: Bitcoin P2P e-cash paper. https://www.mail-archive.com/cryptography@metzdowd.com/msg09959.html (2008a). Zugegriffen: 7. Mai 2018

Nakamoto S.: Bitcoin – A Peer-to-Peer Electronic Cash System. https://bitcoin.org/bitcoin.pdf (2008b). Zugegriffen: 7. Mai 2018

Wikipedia: Kryptowährung. https://de.wikipedia.org/wiki/Kryptowährung (2018). Zugegriffen: 7. Mai 2018

Wirth, N.: Algorithms + Data Structures = Programs. Prentice Hall, New Jersey (1976)

2 Grundlagen zur Blockchain-Technologie

Zusammenfassung

In diesem Kapitel werden die Grundlagen zur Blockchain-Technologie vorgestellt. Diese sind essenziell, um die Funktionsweise von Blockchains zu verstehen und ihr Potenzial für Anwendungen einschätzen zu können. Insbesondere wird auf Hash-Funktionen, Merkle-Bäume und Merkle-Proofs sowie digitale Signaturen eingegangen und es werden deren Mechanismen anhand von einfachen Beispielen erläutert.

Die für die Realisierung von Blockchains zugrundeliegenden Technologien sind im Einzelnen in der Informatik bereits seit geraumer Zeit bekannt. Das innovative an Blockchains ist jedoch die Kombination dieser Technologien zur Realisierung von neuen Geschäftsmodellen und -praktiken. Blockchains sind somit dem Kernbereich der gestaltungsorientierten Wirtschaftsinformatik zuzuordnen, die sich mit der Konzeption und technischen Realisierung von Informationssystemen für die Wirtschaft und Gesellschaft befasst. Zum Verständnis von Blockchains sind sowohl Kenntnisse der technischen Grundlagen zu den Technologien im Einzelnen als auch deren Zusammenführung im Kontext von wirtschaftlichen Anwendungsfällen erforderlich. Im Folgenden werden daher Grundlagen zu Hash-Funktionen, Hash-Bäumen und digitalen Signaturen erläutert.

H.-G. Fill und A. Meier, *Blockchain kompakt,* IT kompakt,
https://doi.org/10.1007/978-3-658-27461-0_2

2.1 Hash-Funktionen

In der Informatik ist man häufig daran interessiert, auf möglichst einfache Art die Vollständigkeit bzw. Integrität von Daten zu überprüfen sowie Daten schnell auffinden zu können. Zu diesem Zweck werden sogenannte Hash-Funktionen eingesetzt. Diese bilden mit vergleichsweise geringem Rechenaufwand eine beliebig große Menge an Eingabedaten, z. B. ein Textdokument, auf eine Zahl von fixer Größe ab, den sogenannten Hash-Wert. Die Hash-Funktion ist dabei so gestaltet, dass für bestimmte Eingabedaten eine ganz bestimmte Zahl generiert wird. Ändert sich auch nur ein Teil der Eingabedaten, wird eine vollkommen andere Zahl generiert. Diese Eigenschaft bezeichnet man als Diffusionsprinzip. Damit kann auf einen Blick erkannt werden, ob sich an den Eingabedaten etwas geändert hat, ohne die Daten im Detail betrachten zu müssen; es werden lediglich die resultierenden Hash-Werte miteinander verglichen. Stimmen diese überein, kann davon ausgegangen werden, dass die Eingabedaten exakt dieselben sind. Ein Beispiel soll diesen Zusammenhang verdeutlichen:

Wir verwenden zu diesem Zweck die auch später für Blockchains oft verwendete Hash-Funktion SHA-256. Diese weist neben einer guten Diffusion weitere Eigenschaften auf, die im Folgenden für die Realisierung von Blockchains noch erforderlich sein werden. SHA-256 erzeugt aus einem beliebig großen Eingabewert eine Zahl mit der fixen Länge von 256 Bit – dies entspricht einer Dezimalzahl mit 78 Stellen (2^{256}) – im Vergleich dazu wird die Anzahl der Sterne im Universum von der European Space Agency auf 10^{22}–10^{24} geschätzt (https://bit.ly/2wwBjF8), eine Zahl mit 25 Stellen. Es steht somit ein sehr großer Bereich für mögliche Hash-Werte zur Verfügung.

Wir können dieser Hash-Funktion nun beispielsweise den Text „Dies ist mein Eingabetext" übergeben. Der von der Funktion gelieferte Hashwert ist dann die folgende Zahl – als Dezimalzahl mit 78 Stellen dargestellt:

105638323908345196290086790933052116905804826291267715521141250925616517998275

In der Informatik wird für solch große Zahlen gerne auf Zahlen im Hexadezimalformat zurückgegriffen, welches neben den Ziffern 0–9 zusätzlich noch die Buchstaben A-F für die Darstellung von Zahlen verwendet und sich zudem leichter in die von Rechnern verwendete Binärdarstellung transformieren lässt. Es stehen somit statt 10 Ausprägungen wie für Dezimalzahlen, 16 mögliche Ausprägungen für eine Stelle zur Verfügung. Die oben diskutierte Dezimalzahl mit 78 Stellen kann somit im Hexadezimalformat mit nur 64 Stellen angegeben werden:

E98D2C27E4357716DCA6E0A4D399FE5CE94CCD09BC
7F74D39F6033AB764DE6C3

Kommt es nun im Eingabetext zu einer Änderung, ändert sich der resultierende Hash-Wert vollständig. Übergeben wir an die Hash-Funktion beispielsweise den folgenden Eingabetext, der sich in nur einem Zeichen, nämlich dem Punkt am Ende, vom Ausgangstext unterscheidet „Dies ist mein Eingabetext.“, erhalten wir den folgenden Hash-Wert im Hexadezimalformat, der sich an 57 Stellen vom ursprünglichen Hash-Wert unterscheidet:

49BE21D2852646A2B751337219592EC52BD3FF0B080
6027A6D490151FFFDE509

Es ist daher direkt ersichtlich, dass sich der neue Text vom ursprünglichen Text in irgendeiner Form unterscheiden muss. Dabei sticht uns noch eine weitere zentrale Eigenschaft der SHA-256 Hash-Funktion ins Auge: Von dem Hash-Wert ausgehend können wir nicht feststellen, worin sich der Ausgangstext unterscheidet. Diese Eigenschaft wird als Konfusionsprinzip bzw. Einweg-Eigenschaft bezeichnet, d. h. aus dem Hash-Wert kann nicht auf den Eingabewert geschlossen werden; die Hash-Funktion funktioniert nur in eine Richtung, nämlich zur Erzeugung von Hash-Werten aus Eingabewerten aber nicht umgekehrt.

Hash-Funktionen wie die oben genannte SHA-256 Funktion weisen noch einige weitere Eigenschaften auf, die im Bereich der Kryptografie erforderlich sind. Man bezeichnet diese Hash-Funktionen daher auch als „kryptografische Hash-Funktionen“. Dazu zählt insbesondere die Eigenschaft der

Kollisionsresistenz. Durch das Prinzip von Hash-Funktionen, einen beliebig großen und beliebig gestalteten Eingabewert auf eine Zahl fixer Länge abzubilden, ergibt sich direkt das Problem, dass es zu sogenannten Kollisionen kommen kann. Das bedeutet, dass für zwei unterschiedliche Eingabewerte der gleiche Hash-Wert generiert wird. Es ist dann nicht mehr möglich, aus dem Hash-Wert die Unterschiedlichkeit der Eingabewerte abzulesen. Da die Menge der Ausgabewerte der Hash-Funktion per Definition durch die fixe Länge begrenzt ist, tritt dieses Problem immer auf. Für kryptografische Hash-Funktionen wie SHA-256 ist es aufgrund der großen Menge an möglichen Hash-Werten – wir erinnern uns, der Lösungsraum beträgt 2^{256} unterschiedliche Zahlen – und der Eigenschaft der Kollisionsresistenz jedoch unwahrscheinlich, zwei verschiedene Eingabewerte zu finden, die den gleichen Hash-Wert liefern. Neben dem großen Lösungsraum müssen solche Hash-Funktionen besonders aufgebaut sein, damit nicht durch mathematische Verfahren ein solcher Wert gefunden werden kann. Es muss zudem sichergestellt sein, dass ein bestimmter Hash-Wert zwar durch reines Ausprobieren (brute-force) von verschiedenen Eingabewerten erzielt werden kann, dass es hingegen unwahrscheinlich ist, einen solchen Eingabewert zu finden. Diese Eigenschaften werden in Kap. 3 für die Konzeption von kryptografischen Puzzles wesentlich sein.

2.2 Merkle-Bäume und Merkle-Proofs

Neben der Überprüfung der Vollständigkeit von Daten lassen sich Hash-Funktionen für den Aufbau eigener Datenstrukturen nutzen. Wie später gezeigt wird, stellen diese Datenstrukturen einen zentralen Bestandteil von Blockchains dar, um die Gültigkeit von Transaktionen zu überprüfen. Dazu werden für jeweils zwei Eingabedaten ihre Hash-Werte gebildet. Anschließend werden diese Hash-Werte aneinandergehängt und das Ergebnis wiederum als Eingabe für die Hash-Funktion verwendet. Das gleiche Prinzip wird für alle vorhandenen Eingabedaten durchgeführt und die resultierenden Hash-Werte werden immer wieder mit denen ihnen benachbarten Hash-Werten zusammengeführt bis man einen einzigen Hash-Wert, den sogenannten Wurzel-Hash oder Merkle-Root – nach dem Erfinder dieser Datenstruktur Ralph Merkle (1987) – erhält.

Die Abb. 2.1 veranschaulicht dieses Vorgehen: Für die Dokumente D_1, D_2, D_3 und D_4 werden jeweils die Hash-Werte H_{11}, H_{12}, H_{21} und H_{22} gebildet. Anschließend werden diese verbunden (konkateniert) zu (H_{11}, H_{12}) und (H_{21}, H_{22}) und von diesen Werten wiederum Hash-Werte gebildet, d. h. H_1 und H_2. Abschließend werden auch H_1 und H_2 verbunden zu (H_1, H_2) und daraus der Merkle-Root H_R gebildet. Damit ergibt sich eine baumartige Struktur, die als Merkle-Baum oder Hash-Baum bezeichnet wird. Da in dieser Baumstruktur immer nur zwei Elemente zusammengefasst werden, handelt es sich um einen Binärbaum.

Durch die Überprüfung des solcherart generierten Wurzel-Hashs kann anhand eines einzigen Wertes überprüft werden, ob es eine noch so kleine Änderung in einem der zugrundeliegenden Dokumente gegeben hat oder nicht. Würde nämlich – wie oben bereits anhand des einfachen Beispiels gezeigt – in einem Dokument nur ein Zeichen geändert, würde sich sofort der von diesem Dokument gebildete Hash-Wert ändern. Ebenso der Hash-Wert, der aus der Verbindung mit dem Hash-Wert des Nachbardokuments resultierte und alle weiteren darauf aufbauenden Hash-Werte bis hinauf zum Merkle-Root-Wert. Statt dass man nun alle Dokumente auf der untersten Ebene dieses Baumes – den sogenannten Blättern – einzeln auf Änderungen überprüfen muss, reicht nunmehr der Vergleich eines Hash-Wertes für alle Dokumente aus, um zu wissen, dass eine Änderung in einem der Dokumente stattgefunden hat. Vergleicht man die einzelnen Hash-Werte vor und nach der Änderung, kann zudem festgestellt werden, in welchem Dokument sich die Änderung zugetragen hat.

Die Eigenschaften der Merkle-Bäume lassen sich weiterhin für die Durchführung von Beweisen der folgenden Art heranziehen: Möchte man sich vergewissern, dass ein bestimmtes Dokument in der Datenstruktur enthalten ist und sollen gleichzeitig die Inhalte der Dokumente nicht öffentlich gemacht werden, reicht es aus, die Hash-Werte des Merkle-Baums zu kennen. Es kann dann von dem zu überprüfenden Dokument der

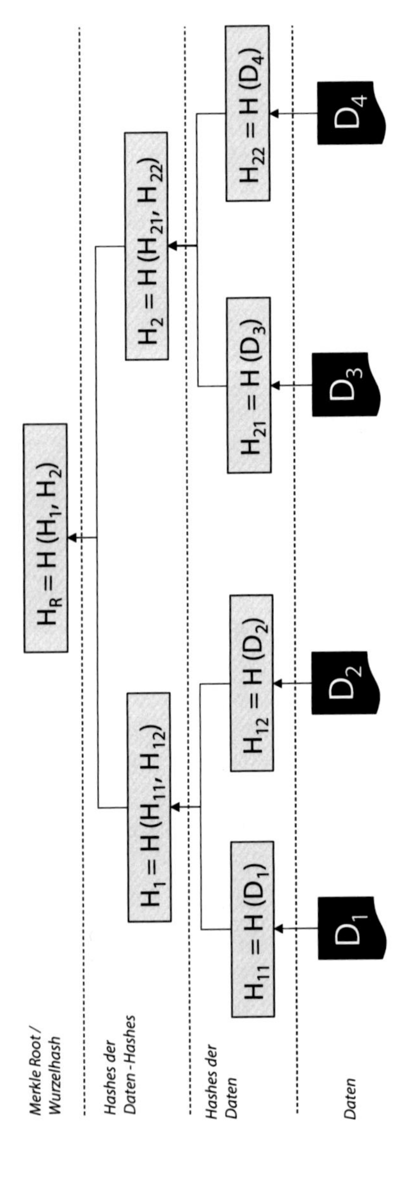

Abb. 2.1 Merkle-Baum mit Dokumenten in den Blattknoten nach Merkle (1987)

Hash-Wert gebildet werden. Findet sich dieser Hash-Wert in der untersten Ebene des Hash-Baumes wieder und kann er durch die Verknüpfung mit seinem Nachbar-Hash-Wert dazu beitragen, den ursprünglichen Wurzel-Hash zu generieren, ist bewiesen, dass das Dokument Teil der Datenstruktur ist. Man spricht bei solchen Beweisen von sogenannten Merkle-Proofs oder Zero-Knowledge Proofs, da für sie kein Wissen über den Inhalt der anderen Dokumente vorhanden sein muss. Aus informatischer Sicht besitzen sie darüber hinaus die interessante Eigenschaft, dass sie im Falle der vorgestellten Binärbäume effizient berechnet werden können, wodurch sie sich auch im Falle großer Datenstrukturen schnell ermitteln lassen. Im Kontext von Blockchains wird später gezeigt werden, dass sich Merkle-Bäume gut eignen, um das Vorhandensein von Transaktionen, beispielsweise die Überweisung eines Geldbetrags von einer Partei an eine andere, effizient zu überprüfen, ohne die Inhalte aller Transaktionen in der Blockchain zu kennen.

2.3 Digitale Signaturen

Mit der fortschreitenden Entwicklung der digitalen Wirtschaft und Gesellschaft gewinnt die Sicherheit elektronischer Transaktionen an Bedeutung. Da ein Geschäftsabschluss im elektronischen Markt über Distanzen hinweg und oft ohne persönlichen Kontakt erfolgt, müssen besondere Sicherheitsvorkehrungen zum Vertrauensaufbau vorgenommen werden. Es muss gewährleistet sein, dass elektronische Dokumente (Nachrichten, Briefe, Verträge etc.) vom gewünschten Absender stammen. Auch dürfen sensible Daten wie elektronische Verträge unterwegs nicht verändert werden. Zudem wird verlangt, dass der Erhalt der elektronischen Nachrichten vom Empfänger korrekt bestätigt wird.

Die Kryptografie bezweckt den Schutz der Daten gegenüber dem Zugriff unberechtigter Personen. Bei der asymmetrischen Kryptografie wird das Original mit einem Schlüssel S_1 verschlüsselt und beim Empfänger mit dem Schlüssel S_2 entschlüsselt, um das Original zurück zu erhalten. Dabei sind die beiden Schlüssel S_1 und S_2 nicht identisch; deshalb spricht man von asymmetrischer Verschlüsselung.

Bei der asymmetrischen Kryptografie wird demnach ein Schlüsselpaar (S_1, S_2) benötigt. Dieses kann sich jeder Teilnehmer grundsätzlich selbst erzeugen und zusätzlich von einer Zertifizierungsstelle bestätigen lassen, die im Falle von hoheitlichen Zertifizierungsstellen dann für die rechtliche Identität der Teilnehmer garantiert. Ein Teilnehmer T erhält also das Schlüsselpaar (T_{privat}, $T_{öffentlich}$). T_{privat} muss vom Teilnehmer geheim gehalten werden und $T_{öffentlich}$ wird von ihm publiziert und der Allgemeinheit zugänglich gemacht.

Beim asymmetrischen Kryptografieverfahren chiffriert der Absender gemäß Abb. 2.2 sein Originaldokument resp. seinen Vertrag mit dem öffentlichen Schlüssel $E_{öffentlich}$ des Empfängers, bevor er das Dokument an den gewünschten Empfänger übermittelt. Dieses Dokument bleibt für alle Marktteilnehmer unlesbar, außer für den Empfänger, der den dazu notwendigen privaten Schlüssel besitzt. Auf der Empfangsseite wird das Dokument also mit dem privaten Schlüssel E_{privat} des Empfängers dechiffriert. Der Empfänger kann damit das Dokument lesen und verstehen.

Das asymmetrische Verschlüsselungsverfahren wird nicht nur für das Chiffrieren und Dechiffrieren von Dokumenten verwendet, sondern auch für die Versiegelung von Dokumenten mit digitaler Unterschrift.

Die digitale Signatur ist eine elektronische Unterschrift, mit der elektronische Nachrichten, Dokumente oder Verträge rechtsgültig unterzeichnet werden können, sofern es sich um eine sogenannte qualifizierte elektronische Signatur handelt. Für qualifizierte Signaturen muss von einer hoheitlichen Stelle bestätigt werden, dass der öffentliche Schlüssel an eine tatsächliche rechtliche Identität gebunden ist. Die Signatur ist dann einer handschriftlichen Unterschrift in den meisten Fällen gleichgestellt. Anschaulich kann die elektronische Signatur als Siegel betrachtet werden, welches vor dem Versand auf das elektronische Dokument gedrückt wird. Der Empfänger des Dokumentes kann die Korrektheit des Siegels erkennen und erhält damit die Garantie, dass das Dokument unversehrt und

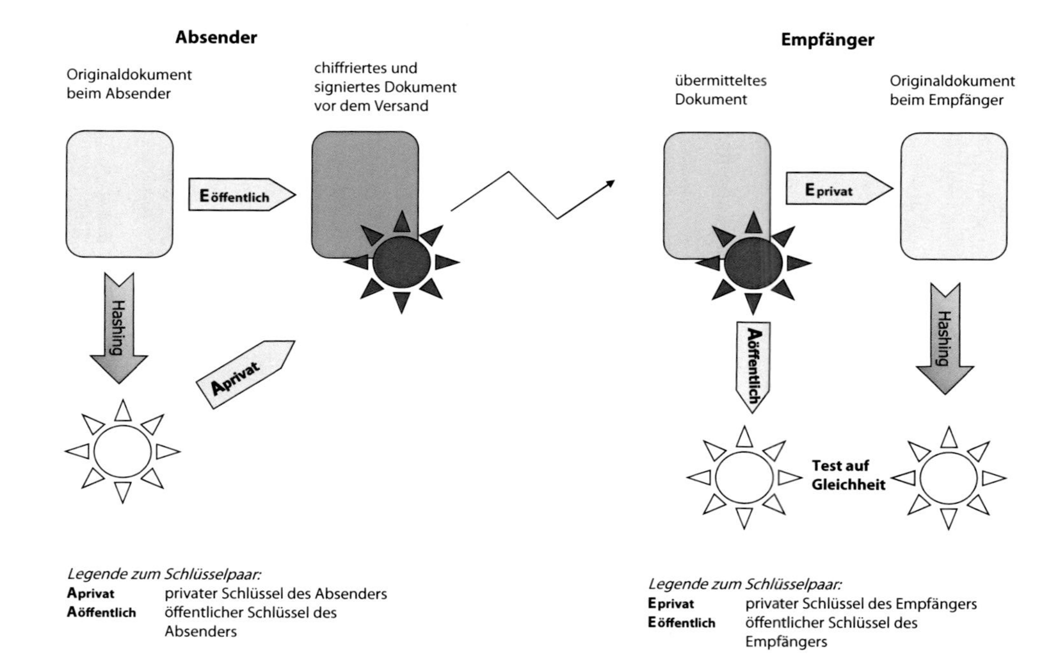

Abb. 2.2 Verschlüsselung und Versiegelung elektronischer Dokumente, angelehnt an Meier und Stormer (2012)

unverfälscht übermittelt worden ist. Zudem bekommt er die Gewissheit, dass die Nachricht von derjenigen Person stammt, mit der er eine Austauschbeziehung pflegen möchte.

In Abb. 2.2 wird illustriert, wie die digitale Signatur generiert und dem elektronischen Dokument hinzugefügt wird: Dazu muss eine Hash-Funktion resp. ein Hash-Algorithmus verwendet werden. Dieser ermittelt aus dem Originaldokument einen Hash-Wert resp. einen Fingerabdruck (in Abb. 2.2 als sonnenartiges Siegel dargestellt). Die zu generierenden Hash-Werte haben nachfolgende Eigenschaften:

- Der Hash-Wert resp. der Fingerabdruck ist für jedes beliebige Dokument von fixer Länge.
- Vom Hash-Wert resp. vom Fingerabdruck kann nicht auf das Originaldokument geschlossen werden.
- Jede Änderung des Originaldokumentes führt zu einem unterschiedlichen Hash-Wert resp. zu einem unterschiedlichen Fingerabdruck.

Diese wichtigen Eigenschaften eines Hash-Algorithmus erlauben, den Fingerabdruck resp. das Siegel als digitale Signatur zu verwenden. Digitale Signaturen sind nichts anderes als verschlüsselte Hash-Werte. Gemäß Abb. 2.2 muss der vom Originaldokument generierte Hash-Wert vorerst mit dem privaten Schlüssel des Absenders (A_{privat}) codiert und dem bereits chiffrierten Dokument angehängt werden. Nach der Übermittlung des Dokumentes trennt der Empfänger (resp. die beim Empfänger installierte Software) die digitale Signatur vom verschlüsselten Dokument. Das chiffrierte Dokument wird mithilfe des privaten Schlüssels E_{privat} des Empfängers ins Originaldokument überführt. Gleichzeitig wird vom Originaldokument ein Hash-Wert gezogen, und zwar durch Anwendung desselben Hash-Algorithmus wie beim Absender.

Die vom übermittelten Dokument getrennte digitale Signatur (dunkles Siegel auf der Empfänger-Seite in Abb. 2.2) wird mit dem öffentlichen Schlüssel $A_{öffentlich}$ des Absenders in den ursprünglichen Hash-Wert zurückgeführt. Nun wird ein Test auf Gleichheit der beiden Siegel vorgenommen. Stimmen diese überein, kann der Empfänger davon ausgehen, dass die Originaldaten unversehrt angekommen sind und dass sie vom ‚echten' Absender geschickt worden sind. So kann der Empfänger erstens überprüfen, ob das Originaldokument nach dem Absenden nicht verändert worden ist. Zweitens kann er verifizieren, ob der Absender derjenige Marktteilnehmer ist, für den er sich ausgibt.

Bei der Blockchain-Technologie wird normalerweise keine Verschlüsselung der Transaktionsdaten vorgenommen. Mit anderen Worten wird das Originaldokument vom Absender lediglich mit der digitalen Signatur (Hashwert mit A_{privat} verschlüsselt) ergänzt und der Empfänger führt den Test auf Gleichheit durch. Dazu entschlüsselt er das Siegel mit dem öffentlichen Schlüssel des Absenders ($A_{öffentlich}$) und vergleicht den erhaltenen Hash-Wert mit dem Hash-Wert, den er direkt vom Originaldokument generieren kann. Sind die beiden Hash-Werte identisch, kennt er den Absender dank des Siegels und zudem weiß er, dass niemand die Transaktionsdaten verändert hat.

Literatur

Meier, A., Stormer, H.: eBusiness & eCommerce – Management der digitalen Wertschöpfungskette. Springer, Heidelberg (2012)

Merkle, R.C.: A Digital Signature Based on a Conventional Encryption Function. In: Proceedings Advances in Cryptology – CRYPTO ‚87, Santa Barbara, California, USA, 369–378 16–20 August 1987

3 Aufbau und Funktion der Blockchain

Zusammenfassung
Dieses Kapitel beschreibt den Aufbau von Blockchains (Kette von Blöcken) als Datenstruktur, das Vorgehen bei Änderungen an der Blockchain, die Zufallsauswahl von Minern mithilfe kryptografischer Puzzles und den Umgang mit alternativen Versionen durch das Kriterium der längsten Blockkette. Die einzelnen Schritte werden mit Hilfe von grafischen Darstellungen illustriert, um die Funktionsweise von Blockchains im Detail zu veranschaulichen.

Die Blockchain ist ein verteiltes Peer-to-Peer Netzwerk von elektronischen Registern, wobei die einzelnen Datenblöcke miteinander verkettet sind (Bashir 2017; Berentsen und Schär 2017). Um die Integrität und Sicherheit in der Blockchain zu gewährleisten, werden Schlüsselpaare, bestehend aus einem privaten und einem öffentlichen Schlüssel der Public Key Infrastructure, verwendet. Im Folgenden wird die Datenstruktur der Blockchain in Abschn. 3.1 vorgestellt sowie auf die Auswirkungen bei Änderung hingewiesen (Abschn. 3.2). Abschn. 3.3 zeigt auf, wie ein kryptografisches Puzzle gelöst und damit ein Proof-of-Work durchgeführt wird. Abschn. 3.4 erläutert das kollektive Entscheidungsproblem (Konsensfindung) bei der Bestimmung der längsten Blockkette.

H.-G. Fill und A. Meier, *Blockchain kompakt,* IT kompakt,
https://doi.org/10.1007/978-3-658-27461-0_3

3.1 Datenstruktur der Blockchain

In Abb. 3.1 ist eine vereinfachte Datenstruktur der Blockchain mit zwei Blöcken gegeben. Block 1 enthält einen Block Header 1 und verweist mithilfe eines Hash-Baumes[1] mit Wurzel H12 via die Hash-Werte H1 und H2 auf die beiden Transaktionen 1 und 2, die als Blätter des Hash-Baumes auftreten. Entsprechend ist der zweite Block organisiert, mit dem Block Header 2, dem Hash-Baum H34 sowie mit den Verweisen H3 und H4 auf die Transaktionen 3 und 4.

Da Block 1 der erste Block in der Blockchain-Datenstruktur ist, besitzt er keinen Vorgänger und somit keine Referenz auf einen vorangehenden Block Header. Block 2 hingegen enthält im Block Header 2 neben dem Hash-Baum H34 den Block Header 1 (BH1) seines Vorgängers. Entsprechend kann der Block Header 2 für weitere Verkettungen benutzt werden; BH2 wird zum sogenannten Kopf der Blockkette erklärt.

In einem verteilten Peer-to-Peer Netzwerk, das die vereinfachte Datenstruktur der Blockchain aus Abb. 3.1 enthält, kann ein involvierter Rechnerknoten nicht nur einzelne Blöcke samt Block Header, Hash-Baum und Transaktionsdaten durchforsten, sondern in der ganzen Blockkette rückwärts blättern und zum Beispiel alle an das System übertragenen Transaktionsdaten einsehen. Der Kopf der Blockkette (siehe BH2 aus Abb. 3.1) sollte nicht mit den Begriffen Block Header verwechselt werden. So besteht die Blockkette im Beispiel aus den beiden Blöcken 1 und 2 mit je ihrem Block Header 1 resp. 2, den Hash-Bäumen H12 resp. H34, den Transaktionsdaten 1, 2, 3 und 4 sowie aus dem Kopf BH2. Falls ein neuer Block 3 generiert wird, würde er nach erfolgreicher Prüfung am Kopf BH2 der jetzigen Kette angehängt.

[1]Ein Hash-Baum oder Merkle Tree wurde 1979 von Ralph Merkle als Erweiterung von Hash-Listen eingeführt; er ist ein Baum aus Hash-Werten von Datensätzen einer Datei gemäß Abschn. 2.2.

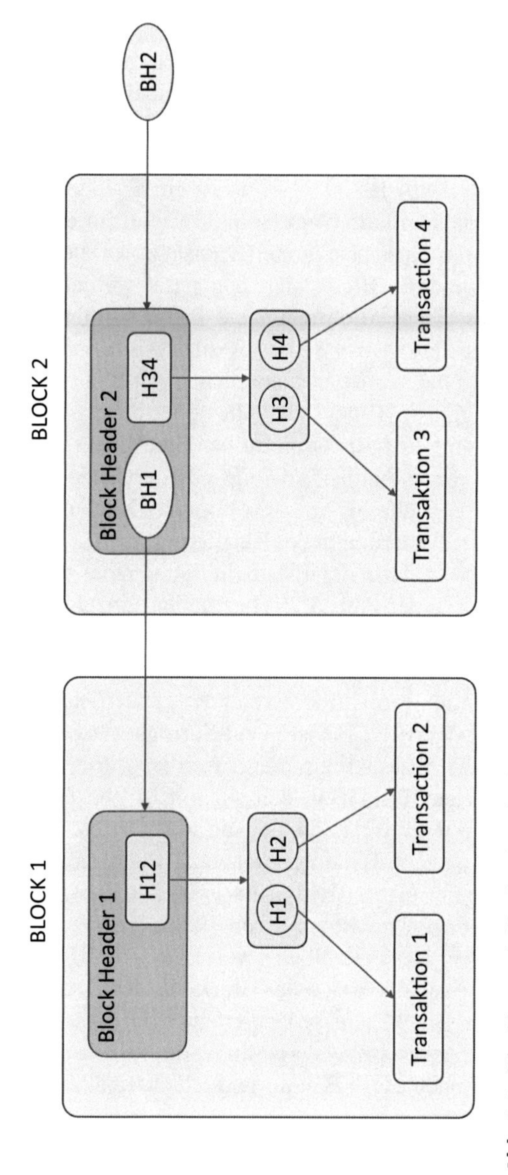

Abb. 3.1 Blockkette mit Kopf und zwei Blöcken. (Angelehnt an Drescher 2017)

3.2 Auswirkungen bei Blockchain-Änderung

Nun soll untersucht werden, welche Auswirkungen eine Änderung in der Blockchain bewirken kann. Insbesondere wird aufgezeigt, dass eine Änderung in einem Teil des Blocks eine ganze Kaskade von Änderungen in der Blockkette auslösen kann.

Das Prinzip des Alles-oder-Nichts ist ein Grundprinzip jeder Blockchain-Datenstruktur: Werden als Beispiel im ersten Block der Blockkette in einer bestimmten Transaktion Daten geändert, so muss die gesamte Blockchain angepasst werden. Wird die Änderung der Transaktionsdaten in Block 1 hingegen verweigert, da der Verursacher keinen Besitz resp. keine Rechte für diese Änderung hat, dann geschieht nichts.

Zusammengefasst lautet das Alles-oder-Nichts-Prinzip der Blockchain: Wird eine Änderung in der Blockchain-Datenstruktur irgendwo vorgenommen, so folgt eine Kaskade von Änderungen ab dieser Stelle bis hin zum Kopf der Kette oder es wird überhaupt keine Änderung in der Kette erwirkt.

Betrachten wir dazu die Eskalationsstufen bei einer Änderung im Block 1 der Abb. 3.2: Hier sollen einzelne Elemente der Transaktion 2 in Block 1 verändert werden, z. B. für den Transfer von Gütern oder für eine Finanztransaktion. Werden einzelne Daten in Transaktion 2 verändert, ändert sich der dazugehörige Hash-Wert H2. H2 ist ja ein Surrogat für die ursprünglich abgelegten Transaktionsdaten. Werden diese abgeändert, entsteht ein neuer Hash-Wert, den wir mit H2' bezeichnen. Der neue Hashwert H2' verändert den ursprünglichen Hash-Baum H12 zu H12', somit verändert sich der Block Header 1 zum Block Header 1' resp. BH1'. Nun zeigen diese Änderungen auch Auswirkungen im Block 2. Im Block Header 2 muss der Verweis auf den Vorgängerblock 1 von BH1 auf BH1' angepasst werden. Damit verändert sich der Block Header 2 zu BH2', was zum Kopf der Blockchain propagiert werden muss. Mit anderen Worten müssten diverse Hash-Werte neu berechnet und die entsprechenden Hash-Bäume und Block Header samt Kopf angepasst werden.

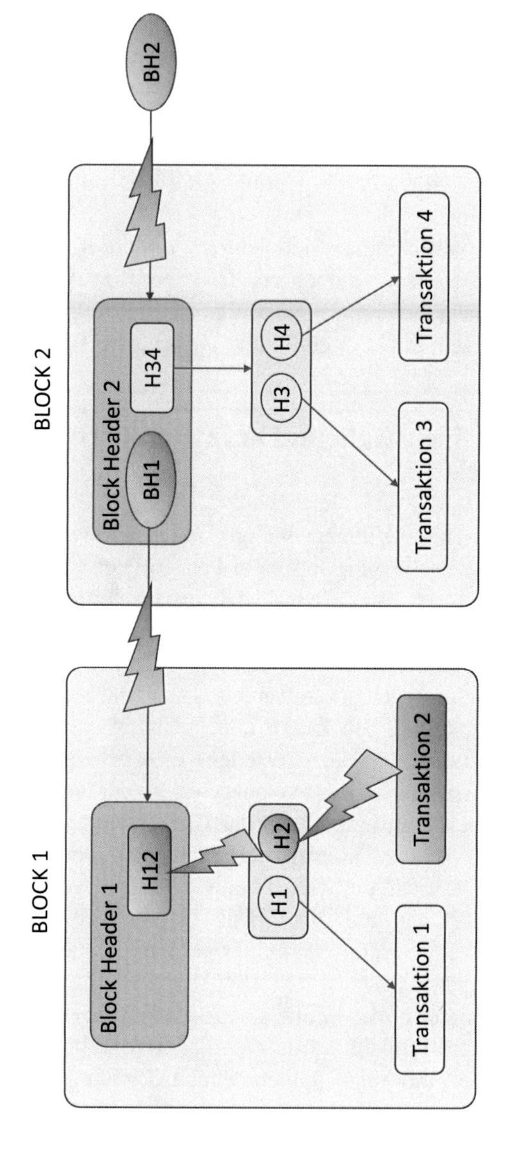

Abb. 3.2 Kaskadenartige Fortpflanzung bei einer Änderung. (Angelehnt an Drescher 2017)

Fazit: Die Blockchain ist ein verteiltes Register mit Integritätsgarantie. Eine minimale Änderung in den Daten, ob absichtlich herbeigeführt oder durch Hacker eingeleitet, hat weitreichende Folgen. Erfolgt die Änderung mit guter Absicht und ist sie berechtigt, ziehen die davon betroffenen Teile der Datenstruktur die Änderungen im Konsens nach. Wird eine Attacke gestartet, so wird die Blockchain den Missbrauch aufgrund klarer und verschlüsselter Eigentumsansprüche aufdecken und die Daten schützen.

Die Blockchain kümmert sich jederzeit um die Konsistenz all ihrer Hash-Referenzen und überprüft deren Korrektheit. Wird eine dieser Hash-Referenzen ungültig, ist die gesamte Datenstruktur ab diesem Punkt ungültig und muss nachgeführt werden.

3.3 Zufallsauswahl und Kryptografisches Puzzle

In diesem Abschnitt widmen wir uns der Frage, wie eine verteilte Konsensentscheidung in einem Peer-to-Peer-Netzwerk bei der Erweiterung der Blockchain-Datenstruktur getroffen werden kann. Man spricht daher von einem sogenannten „Konsensusverfahren". Es geht darum, kollektiv eine Transaktionshistorie bei Blockerweiterungen auszuwählen. Dazu müssen die Knoten ihre neu erstellten Blöcke zur Untersuchung und Akzeptanz allen Partnerknoten im Netz zustellen. Es wird dann mithilfe des Zufallsprinzips ein Knoten ausgewählt, der den nächsten Block zur Blockchain hinzufügen darf (sogenanntes „Mining"). Alle anderen Blöcke können anschließend überprüfen, ob der jeweilige Knoten die Transaktionen in dem neuen Block korrekt validiert hat und diese neue Version der Blockchain übernehmen – oder, sofern sie Fehler gefunden haben, die neue Version ablehnen.

Die Realisierung des Zufallsprinzips ist dabei ein kritischer Faktor. Traditionell würde man dabei von einer zentralen Stelle ausgehen, die einen teilnehmenden Knoten zufällig auswählt. Man wäre dann aber von dieser zentralen Stelle und ihrer

Neutralität bei der Zufallsauswahl abhängig. Würde diese zentrale Stelle beispielsweise bestimmte Knoten bevorzugen, wäre ihre Unabhängigkeit nicht mehr sichergestellt und die Inhalte der Blockchain wären kompromittiert. Es wäre jedoch schwer unmittelbar nachprüfbar, in welchen Fällen Knoten bevorzugt wurden. Aus diesem Grund werden bei der Blockchain-Technologie Verfahren konzipiert, welche die Neutralität der Zufallsauswahl sichern und gleichzeitig keine zentrale Stelle (Intermediär) erfordern.

Für das Hinzufügen eines Blocks muss zuerst ein sogenanntes kryptografisches Puzzle gelöst werden. Wie wir sehen werden, muss bei den aktuell gebräuchlichen Blockchain-Plattformen für das Lösen des Puzzles Rechenaufwand betrieben werden und es gibt keine Möglichkeit, das Puzzle auf anderem Weg als durch die Verrichtung dieser „Rechenarbeit" zu lösen. Daher wird diese Art der Zufallsauswahl auch als „Proof-of-Work" bezeichnet.

Für die Definition des Puzzles wird der Block Header um einige wichtige Elemente erweitert – wir gehen hier von einer vereinfachten Struktur aus, die sich an der Struktur der Bitcoin-Blockchain orientiert und dennoch die wesentlichen Merkmale enthält (siehe Abb. 3.3):

- Die Protokollversion gibt an, welches Regelwerk beim Erstellen eines Blocks verwendet wird.
- Die Referenz ist der Verweis auf den vorangehenden Block; hier im Beispiel wird mit BH1 auf Block 1 verwiesen.
- Der Zeitstempel gibt an, zu welchem Zeitpunkt der Block erstellt wurde.
- Das Target ist eine Zahl, die den Schwierigkeitsgrad (Difficulty) des Puzzles angibt. Diese Größe wird benötigt, um die Schwierigkeit des Puzzles anzupassen.
- Die Nonce (Number used once) ist eine einmalige Zahlenfolge, die zum Beweis der Lösung des Puzzles benötigt wird.
- Der Hash-Baum verweist auf die Transaktionsdaten; in unserem Beispiel zeigt H34 (Wurzel-Hash des Merkle Tree) auf die Hash-Werte H3 und H4 resp. auf die Transaktionen 3 und 4.

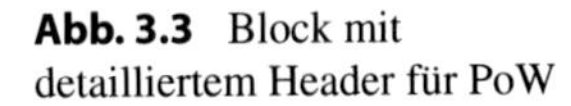
Abb. 3.3 Block mit detailliertem Header für PoW

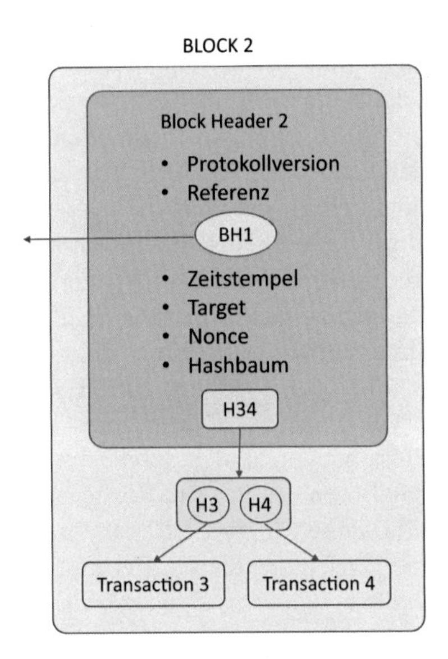

Werden neue Transaktionsdaten generiert oder Transaktionsdaten abgeändert, so müssen die Knoten (in diesem Fall als Miner bezeichnet) die kryptografische Aufgabe im Wettbewerb lösen. Dazu wird wie folgt vorgegangen: Aus dem Wurzel-Hash des Merkle Trees, der Protokollversion, der Referenz auf den Hash-Wert des vorgehenden Blocks, dem Zeitstempel, der Difficulty und der Nonce wird ein gemeinsamer Hash-Wert gebildet.

Das Puzzle besteht nun darin, einen Hash-Wert zu finden, der kleiner ist als der durch das Target bestimmte Wert. Dieser wird beispielsweise im Falle von Bitcoin alle 2016 Blöcke auf Grundlage der im Netzwerk verfügbaren Rechenleistung bzw. der Zeit, die für das Lösen der Puzzles in den vorangegangen Blöcken benötigt wurde, neu berechnet. Damit wird automatisch auf Veränderungen in der verfügbaren Rechenleistung reagiert. Ist eine hohe Rechenleistung verfügbar, wird das Target gesenkt. Damit wird es unwahrscheinlicher eine Lösung zu finden, da nun Hash-Werte in einem kleineren Wertebereich gefunden werden müssen. Sinkt die Rechenleistung, wird das Target erhöht. Damit ist es wiederum leichter, eine Lösung zu finden, da die Menge an Zahlen, in die der Hash-Wert fallen muss, größer ist.

Um das Puzzle zu lösen, wird die Nonce variiert und jeweils der gemeinsame Hash-Wert gebildet. Durch die im Kap. 2 beschriebenen Eigenschaften der verwendeten Hash-Funktionen kann eine solche Lösung nur durch reines Ausprobieren gefunden werden. Das Puzzle ist damit für alle Teilnehmer gleich schwierig und hängt nur von der Menge der durchprobierten Nonce-Werte bzw. den daraus gebildeten Hashes pro Sekunde ab.

Gibt beispielsweise das Target vor, dass ein Hash-Wert mit einer Länge von 78 Stellen mindestens 40 Nullen zu Beginn aufweisen muss, so muss der resultierende Hash-Wert aus einem Bereich einer Zahl mit 38 Stellen stammen. Würde demgegenüber die Difficulty eine Zahl mit 3 Nullen zu Beginn vorgeben, wäre der Bereich, aus dem der Hash-Wert stammen darf, wesentlich größer und damit leichter zu finden. Das aktuelle Target bei Bitcoin liegt beispielsweise bei einem aktuellen Block bei der Zahl 40225084944549207260702020930301835039525900 9223360512 (Block #576142, bestätigt am 15. Mai 2019). Der Zielwert des Hashes des Block Headers muss unter diesem Wert liegen, um gültig zu sein und potenziell in die Blockchain aufgenommen zu werden. Wird eine Lösung der kryptografischen Aufgabe gefunden, so verteilt der Miner-Knoten diesen Lösungsansatz ans Peer-to-Peer-Netzwerk zur Verifikation.

Die Verifikation selbst ist einfach gemäß Abb. 3.4: Aus den Daten aus dem Blockheader (Challenge String) inkl. der gefundenen Lösung für die Nonce (Proof Response String) wird der Hash-Wert gebildet. Dies ist einfach, schnell und von jedem durchführbar. Liegt der gefundene Wert unter dem Target, ist die Lösung gültig. Der Block wird somit an die Blockkette angehängt. Zudem erhält der Miner für seinen Aufwand pro Transaktion einen Lohn bzw. eine Transaktionsgebühr (z. B. in Bitcoins), den er selbst als spezielle Transaktion in den Block mitaufnehmen darf. Damit besteht ein finanzieller Anreiz, das Mining durchzuführen.

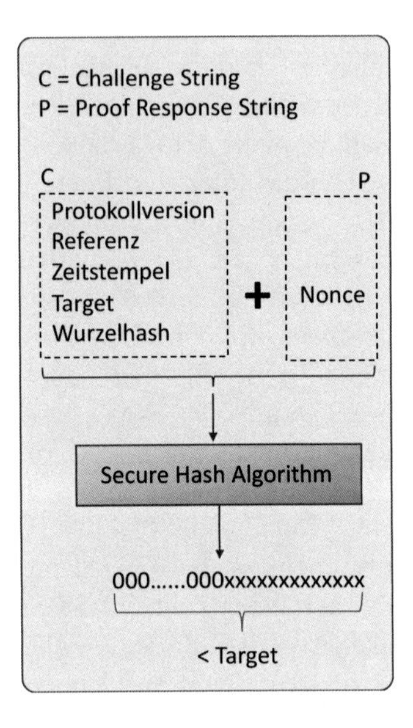

Abb. 3.4 Einfache Verifikation der PoW-Lösung

3.4 Das Kriterium der längsten Blockkette

Ein Peer-to-Peer-Netzwerk mit verteilten Bucheinträgen hat keine zentrale Kontrollinstanz (vgl. dazu das CAP-Theorem[2] bei Big Data, z. B. in Fasel und Meier 2016). Aus diesem Grund haben die Knoten im Netzwerk unterschiedliche Wissensstände über die Entwicklung der Blockkette. Trotz dieser Widrigkeiten sind sie bestrebt, im Laufe der Zeit eine eindeutige Transaktionshistorie aufzubauen.

Gibt es aufgrund von Austauschoptionen der Benutzer neue Blöcke, werden diese im Netz verteilt und mit PoW verifiziert. Die Lösung, d. h. die Korrektheit des Hash-Wertes im Vergleich

[2]Das CAP-Theorem sagt aus, dass in einem massiv verteilten Datenhaltungssystem jeweils nur zwei der drei Eigenschaften Konsistenz (C = Consistency), Verfügbarkeit (A = Availability) und Ausfalltoleranz (P = Partition Tolerance) garantiert werden können.

zum Target, wird von den Knoten verifiziert. Gibt es gleichzeitig mehrere konkurrierende Blöcke, die in die Blockkette eingebunden werden sollen, so gilt das Kriterium der längsten Kette, im Sinne des größten bis dahin geleisteten Rechenaufwands. Es wird dabei festgestellt, welche der alternativen, gültigen Versionen der Blockkette bis dahin den meisten Rechenaufwand repräsentieren. Dies kann leicht anhand des für jeden Block ablesebaren Target-Wertes ermittelt werden, der Auskunft über den Berechnungsaufwand (Difficulty) des Blocks gibt. Effektiv entspricht dies meist jener Alternative mit den meisten Blöcken. Angriffe, bei denen das Anfügen mehrerer Blöcke an einen zurückliegenden Block – unter geringerem Rechenaufwand – zu einer längeren Kette führt, werden somit verhindert.

In Abb. 3.5 wird die Entwicklung einer Blockkette zu verschiedenen Zeitpunkten aufgezeigt. Zu Beginn bei Zeitpunkt t_1 besteht die Blockkette aus den Blöcken 33FF (Block 1) und A397 (Block 2). Sie sind bereits validiert, in der Grafik wird dies mit ✓ gekennzeichnet.

Zum Zeitpunkt t_2 wurde die aktuelle Blockkette bereits an alle Knoten verteilt. Wir zeigen daher die weitere Entwicklung beispielhaft anhand von zwei beliebigen Knoten, jeweils oberhalb und unterhalb der gestrichelten Linie. Zum Zeitpunkt t_2 wird nun vom oberen Knoten ein Vorschlag für einen neuen Block DD01 bearbeitet, der auf A397 aufbaut. Parallel dazu wird vom unteren Knoten der Vorschlag für den Knoten AB12 bearbeitet, der ebenfalls auf A397 aufbaut. Da in der Blockchain die Knoten autonom arbeiten, findet vorerst keine Abstimmung zwischen den Knoten statt. Zum Zeitpunkt t_3 wurde sowohl vom Knoten oberhalb als auch vom Knoten unterhalb jeweils eine Lösung für den Proof-of-Work gefunden. Das heißt, beide Knoten können erfolgreich einmal den Block DD01 und den Block AB12 an die Blockchain anhängen und damit gibt es zwei Versionen der Blockchain. Da beide Versionen der Blockchain die gleiche Länge bzw. die gleiche Difficulty aufweisen, ist zu diesem Zeitpunkt nicht entschieden, welche Version als gültig weitergeführt wird. Es muss daher abgewartet werden.

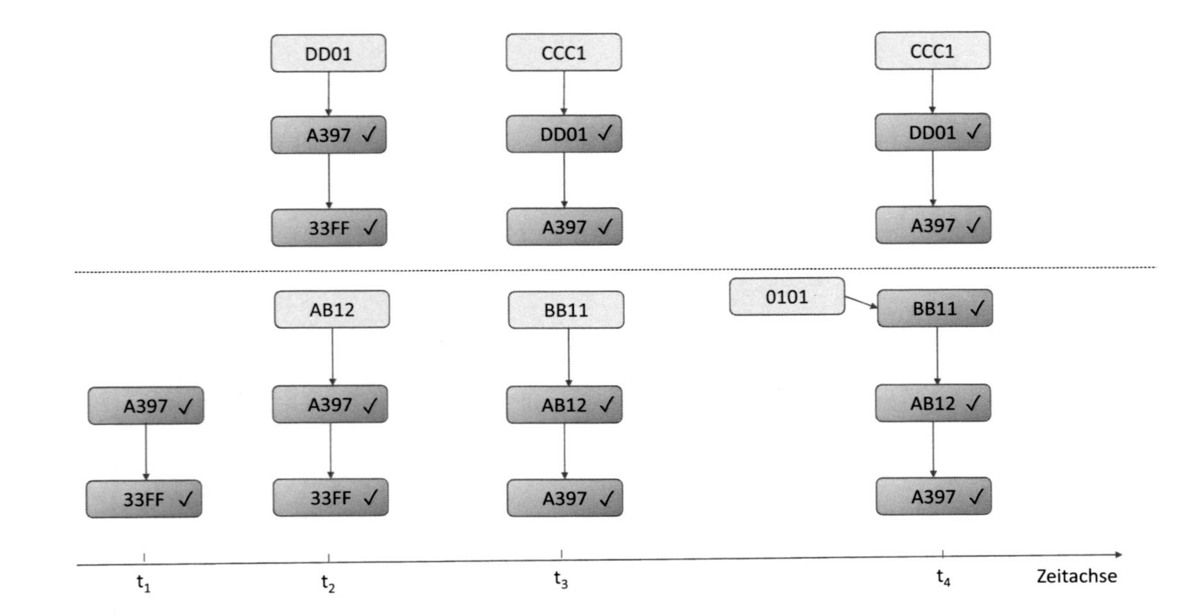

Abb. 3.5 Entwicklung einer Blockkette über den Zeitverlauf

Blöcke ohne einen oder mehrere Blöcke als Nachfolger („Bestätigungen") gelten somit generell als unverbindlich.

In weiterer Folge kommen zum Zeitpunkt t_3 bei jedem Knoten wieder neue Vorschläge für den Aufbau von Blöcken in Form von Transaktionen herein. Beim oberen Knoten ist das der Block CCC1 und beim unteren Knoten der Block BB11. Wiederum suchen die beiden Knoten nach einer Lösung für den Proof-of-Work. Erst zum Zeitpunkt t_4 löst sich die Konkurrenzsituation auf. Der untere Knoten konnte bereits eine Lösung für den Block BB11 finden und kann somit seine Version als verbindlich in der Blockchain verbreiten, da er eine Version vorweisen kann, in die mehr erfolgreicher Rechenaufwand eingeflossen ist, nämlich die Version mit den Blöcken 33FF-A397-AB12-BB11. Der Miner des unteren Knotens erhält damit auch die Transaktionsgebühren für die erfolgreich von ihm hinzugefügten Blöcke AB12 und BB11. Der obere Knoten hat für CCC1 noch keine Lösung gefunden. Dieser Block wird daher verworfen. Ein potenziell weiterer Block 0101 wird nun versucht zum Zeitpunkt t_4 an die längste Version anzuhängen.

Literatur

Bashir, I.: Mastering Blockchain – Deeper insights into decentralization, cryptography, Bitcoin, and popular Blockchain frameworks. Packt Publishing Ltd., Birmingham (2017)

Berentsen, A., Schär, F.: Bitcoin, Blockchain und Kryptoassets. Books on Demand, Norderstedt (2017)

Drescher, D.: Blockchain Grundlagen – Eine Einführung in die elementaren Konzepte in 25 Schritten. Verlag mitp, Frechen (2017)

Fasel, D., Meier, A. (Hrsg.): Big Data – Grundlagen, Systeme und Nutzenpotenziale. Edition HMD. Springer, Heidelberg (2016)

4 Anwendungsoptionen

Zusammenfassung
Dieses Kapitel stellt Anwendungsoptionen für Blockchains vor: Kryptowährungen, Identity Management, Smart Contracts, Smart Grid, Digitale Stimmzettel und Smart Cities. Zu jeder Anwendungsoption wird ein Überblick über das jeweilige Gebiet gegeben und es werden aktuelle Entwicklungen im Kontext von Blockchains vorgestellt, um die praktische Realisierung einschätzen zu können.

Die Blockchain-Technologie mit elf resp. zwölf Lebensjahren ist noch jung und steht erst vor dem Teenager-Alter. Allerdings hat sie in dieser kurzen Zeit nicht nur die Informatikbranche erfasst, sondern erste Anwendungsfelder erobert (vgl. Fill und Meier 2020). Beispielsweise existieren Kryptowährungen (vgl. Abschn. 4.1) seit einigen Jahren, prägen den Alltag und beschäftigen u. a. auch die Nationalbanken. In der Öffentlichkeit allerdings wird zu wenig wahrgenommen, dass die Blockchain-Technologie weitere Anwendungsfelder in einer globalisierten Welt mehr und mehr beeinflusst. Der Grund liegt darin, dass mit einem verteilten Register, das mit der Hilfe kryptografischer Verfahren und Konsens abgesichert ist, unzählige Anwendungsgebiete ohne zentrale Überwachungsinstanz realisierbar werden. In Abschn. 4.2 wird aufgezeigt, wie weltweit ein verlässliches Identitätsmanagement für die Weltenbürger vorangetrieben wird. Smart

H.-G. Fill und A. Meier, *Blockchain kompakt,* IT kompakt,
https://doi.org/10.1007/978-3-658-27461-0_4

Contracts (Abschn. 4.3) offerieren erfolgversprechende Lösungen in Logistik, Geschäfts- oder Vertragsabwicklung, Verwaltung, etc. Lösungen für das Smart Grid zeigen in Abschn. 4.4, wie der Energiesektor revolutioniert wird. Blockchain-Technologien sind ebenfalls einsetzbar für unsere demokratischen Verfahren, u. a. für das elektronische Abstimmen und Wählen (Abschn. 4.5). Insbesondere in Staaten, deren Regierungen zu Korruption tendieren, kann ein unverfälschtes Ergebnis der Wahl mit der Hilfe von Blockchain-Technologien individuell und universell überprüft werden. Abschließend wird in Abschn. 4.6 über Smart Cities aufgezeigt, wie das Zusammenleben im urbanen Raum dank Blockchain verbessert werden könnte.

4.1 Kryptowährungen

Felix Härer

Blockchain-Systeme funktionieren heute auf der Grundlage des 2008 in einer E-Mail-Newsgroup veröffentlichten Papiers „Bitcoin – A Peer-to-Peer Electronic Cash System" (Nakamoto 2008). Diese erste Anwendung der zunächst als Proof-of-Work-Chain bezeichneten Datenstruktur zusammen mit einem Konsensalgorithmus ermöglicht den unmittelbaren Austausch von digitalen Währungseinheiten zwischen beliebigen Internetnutzern ohne Einbeziehung weiterer Parteien wie Banken oder Zahlungsdienstleistern.

Geld
Geld besitzt dem International Monetary Fund nach drei wesentliche Eigenschaften (Asmundson und Oner 2012, S. 52). Unabhängig von konkreten Ausprägungen kann Geld prinzipiell beliebige Repräsentationen aufweisen, sofern die folgenden Merkmale zutreffen:

- Wertaufbewahrungsmittel: die Repräsentation ist in der Lage, Wert über die Zeit zu bewahren.

- Rechnungseinheit: die Repräsentation kann als standardisierte Einheit zur Berechnung und Angabe von Preisen verwendet werden.
- Tauschmittel: die Repräsentation ermöglicht durch ihren Austausch die Durchführung von Käufen und Verkäufen.

Dezentrale Geld-Systeme

Die Grundidee eines dezentralen Geldsystems basiert auf einer globalen und öffentlichen Buchführung jeder einzelnen Transaktion. Ein Prinzip, das keineswegs neu ist. Eine interessante Parallele besteht zum Geldsystem der mikronesischen Insel Yap, das der Anthropologe William Henry Furness III um 1903 während der Zeit der Kolonialisierung durch die Deutschen dokumentierte (Furness III 1910 nach Friedmann 1991). Die Bewohner von Yap besaßen keinen Zugang zu Edelmetallen und verwendeten als Tauschmittel die Währung „Rai“. Einheiten dieses „Steingeldes“ sind mehrere Tonnen schwere, abgerundete Steinplatten von einigen Metern Durchmesser, die unbeweglich und öffentlich sichtbar vor den Häusern ihrer Eigentümer positioniert sind. Eine Transaktion zwischen zwei Systemteilnehmern erforderte nicht etwa den physischen Transport des Materials, sondern die öffentliche Bekanntmachung des Transfers gegenüber Dritten. Allein durch die Bekanntmachung der Transaktion und ihre öffentliche Anerkennung wechselten „Rai“ ganz oder teilweise ihre Besitzer.

In diesem System besteht kein konzeptueller Unterschied zwischen Geldeinheiten und Transaktionen. Das Ergebnis einer Transaktion sind quantifizierbare Einheiten, die in nachfolgende Transaktionen eingehen können. Im Unterschied zu den Systemen von SWIFT, VISA, PayPal oder Venmo ist die Buchung einer Transaktion transparent nachvollziehbar und nicht auf die interne Buchführung in den Servern eines Intermediärs beschränkt.

Das Double-Spending-Problem in digitalen Geldsystemen

Die Digitalisierung eines dezentralen Geldsystems bringt ein grundlegendes Problem mit sich. Transaktionen sind zwischen ebenbürtigen Nutzern von Peer-to-Peer direkt durchführbar;

zugleich können die einer solchen Transaktion zugrunde liegenden Daten zur Vervielfältigung des repräsentierten Wertes kopiert und erneut ausgesandt werden. In zentralisierten Systemen wie SWIFT stellt dieses Unternehmen die konfliktfreie Ausführung von Transaktionen sicher. Für dezentrale Systeme existierten vor Bitcoin nur unvollständige Lösungen des Problems unter Nutzung digitaler Signaturverfahren, die eine Transaktion per Signatur verbindlich einem Absender zuordneten. Damit wurden unautorisierte Transaktionen verhindert, nicht jedoch das mehrfache Ausgeben (Double Spending) von Geldeinheiten durch den Absender einer Transaktion. Die Innovation von Bitcoin und nachfolgenden dezentralen Kryptowährungen war die Lösung dieses sogenannten Double-Spending-Problems durch einen Konsensalgorithmus wie Proof-of-Work, der konfliktbehaftete Blöcke mit ihren Transaktionen im Zeitverlauf nach definierten Regeln auflöst (siehe Abschn. 3.4). Die Verknüpfung dieses Verfahrens mit Anreizsystemen für den Systembetrieb „Mining“ und eine algorithmische Steuerung der Geldmenge unterscheiden dezentrale Kryptowährungen von allen bisher verfügbaren Formen des Geldes.

4.1.1 Initial Coin Offering

Etwas mehr als zehn Jahre nach dem Erscheinen der Bitcoin-Software hat die Anzahl bekannter Kryptowährungen 2000 überschritten[1]. Tab. 4.1 zeigt die fünf größten Kryptowährungen nach ihrer Marktkapitalisierung im Mai 2019. Sie entstanden als Abspaltungen (Hard Forks), beispielsweise Bitcoin Cash, oder als Neuemissionen. Letztere führten zu Erweiterungen wie Smart Contracts (Abschn. 4.3), andererseits aber auch zu Projekten, bei denen in erster Linie der Verkaufsaspekt in „Initial Coin Offerings (ICOs)“ im Vordergrund steht. Kryptowährungen als „Investment“ stehen in der folgenden Betrachtung

[1] gemessen an den bei https://coinmarketcap.com aufgeführten Währungen.

nicht im Fokus; untersucht werden zunächst Klassen der Wertrepräsentation, gefolgt von der technischen Umsetzung.

Die Geldmenge einer Kryptowährung kann im Zeitverlauf algorithmisch angepasst werden. Der fortlaufend ausgeführte Konsensalgorithmus erstellt regelmäßig neue Blöcke und führt damit gleichzeitig die Funktion der Geldschöpfung aus. Beispielsweise erfordert das Proof-of-Work-Verfahren die Aufwendung von Ressourcen, um ein Urbild einer Hash-Funktion für einen vorgegebenen Wertebereich zu bestimmen. Das Auffinden einer Lösung erlaubt einem Miner das Anfügen eines Blocks, mit dem die Geldmenge um einen algorithmisch festgelegten Betrag ansteigt. Anreize des Systembetriebs fallen dem Miner zu. In Bitcoin sieht der Algorithmus beispielsweise ein im Zeitverlauf abnehmendes Geldmengenwachstum mit einer Beschränkung auf 21 Mio. Einheiten vor. In Ethereum, Ripple und EOS ist die Geldmenge nicht beschränkt. Tab. 4.1 gibt das Wachstum der letzten Jahre an.

4.1.2 Coins und Tokens

Die in Tab. 4.2 abgebildete Klassifikation beschreibt den Typ, die Repräsentation, die Austauschbarkeit und den Transfer (technisch) von Kryptowährungen. Prinzipiell sind unterscheidbar:

- Coins sind quantifizierbare Einheiten einer virtuellen Währung zur Repräsentation von Geld, z. B. Bitcoin. Die Austauschbarkeit gleichwertiger Einheiten (Fungibilität) ist gegeben, da einzelne Einheiten analog zu Münzen oder Scheinen auswechselbar sind.
- Tokens sind quantifizierbare Einheiten, welche die Identität beliebiger virtueller oder physischer Objekte abbilden. Fungibilität ist stets dann gegeben, wenn einzelne Einheiten durch gleichwertige andere ersetzbar sind. Nichtfungibel sind solche Tokens, deren Wertrepräsentation an die Individualität einer Einheit gebunden ist, z. B. Namensaktien.

Tab. 4.1 Verbreitete Kryptowährungen im Mai 2019

Name	Marktkapitalisierung in USD	Preis in USD	Geldmenge	Volatilität 2018[a] (%)	Geldmengenwachstum 2015/16/17/18[b]
Bitcoin	140.563.659.500	7.934,35	17.715.837	379	10 %/7 %/4 %/4 %
Ethereum	27.033.088.150	269,30	106.175.537	590	21 %/15 %/11 %/8 %
Ripple	16.552.574.209	0,39.302	42.116.677.673	681	8 %/8 %/7 %/5 %
Bitcoin Cash	7.302.078.177	410,32	17.796.213	1702	3,87 % (2018)
EOS	5.740.709.947	6,29	912.674.947	360	57,45 % (2018)

[a]Angabe: max(Kurs)/min(Kurs) in 2018 nach Daten von https://coinmarketcap.com
[b]Daten nach Ott, C. (2019), https://christianott.co/inflationrates_en/

Tab. 4.2 Klassifikation von Kryptowährungen

Dimension	Ausprägungen			
Typ	Coin	Token		
Repräsentation	Geld	Asset/Security/ Equity	Utility	Digital Collectible
Fungibilität	fungibel	fungibel/nichtfungibel		nichtfungibel
Transfer (technisch)	Inputs und Outputs von Blockchain-Transaktionen	Smart Contracts verwalten Accounts und transferieren Einheiten		

Tokenization bezeichnet in diesem Zusammenhang die Ersetzung von Objekten durch Blockchain-basierte Tokens. Ein Beispiel sind Shopping-Reward-Punkte, die in der Wallet-App einer Blockchain gesammelt werden, oder auf Security Tokens abgebildete Aktien.

Die Repräsentation bezieht sich auf Geld sowie auf die folgenden Spezialisierungen von Tokens:

- Asset, Security und Equity Tokens bilden beliebige Basiswerte ab, die beispielsweise finanzielle Werte, Aktien oder physische Wertgegenstände repräsentieren. Assets und Security Tokens sind Überbegriffe, die sich auf beliebige Werte (Assets) und Wertpapiere (Securities) beziehen. Sie implizieren nicht notwendigerweise den Besitz der hinter den Anteilen stehenden Werte. Equity Tokens stellen eine Anteilsrepräsentation dar, die deren Eigner beispielsweise an einem Unternehmen beteiligen. Dabei kann es sich um Aktien oder andere Arten von Anteilen handeln, die eine Partizipation an der Marktentwicklung des Unternehmens oder Abstimmungsrechte beinhalten (Hahn und Wons 2018). Gegenstand aktueller Diskussionen sind insbesondere zwei spezielle Formen von Asset-Tokens:
  - Stable Coins sind ein Beispiel zur Abbildung von staatlichen Währungen auf die Einheiten einer Kryptowährung. Diese gewinnen zunehmend an Bedeutung und sind u. a.

für USD[2] in zahlreichen Varianten verfügbar und für weitere Währungen wie CHF[3] in Entwicklung.
  - Asset-Backed Tokens beziehen sich speziell auf Tokens, die durch physische Güter gedeckt sind (Hahn und Wons 2018). Ein Handel der Tokens korrespondiert mit Käufen und Verkäufen der repräsentierten physischen Werte.

- Utility Tokens erbringen einen zweckbezogenen Nutzen, der durch den Betrieb des hinter der Kryptowährung stehenden Blockchain-Systems erreicht wird. Eine Anwendung ist etwa die Vermittlung von Fahrzeugen eines Ride-Sharing-Service anhand von Tokens. Ein weiteres Beispiel ist die Finanzierung von Online-Angeboten durch Tokens[4], die per Web-Browser an die von einem Benutzer aufgerufenen Webseiten verteilt werden[5].
- Digital Collectibles sind nichtfungible Tokens, denen ein Wert als individuelles Sammelobjekt zugeschrieben wird. Mit dem Erwerb eines Collectibles gehen der Besitz und die Kontrolle eines individuellen und unterscheidbaren Tokens über. Der Ursprung des Konzepts digitaler Einzelstücke entstammt Blockchain-basierten Spielen und ist auf beliebige Formen von digitalem Eigentum, z. B. Musik oder Kunstgegenstände, übertragbar (O'Dwyer 2018).

Die technische Realisierung des Transfers basiert auf den Inputs und Outputs von Blockchain-Transaktionen oder aber auf Smart Contracts. Coins verwenden häufig die zuerst genannte Form, während Tokens meist in Smart Contracts eines bereits bestehenden Blockchain-Systems verwaltet werden. Ein Grund

---

[2]siehe z. B. https://www.dfs.ny.gov/about/press/pr1809101.htm.

[3]siehe z. B. https://www.coindesk.com/switzerlands-six-stock-exchange-is-working-on-a-swiss-franc-stablecoin.

[4]siehe z. B. BAT (https://basicattentiontoken.org).

[5]siehe z. B. Opera (https://www.opera.com), Metamask (https://metamask.io), Brave (https://brave.com).

hierfür ist die Verfügbarkeit standardisierter Smart Contracts[6] zur Erstellung von fungiblen und nichtfungiblen Tokens (siehe Abschn. 4.3). Die Nutzung einer etablierten Blockchain-Infrastruktur verspricht von Beginn an eine gewisse Stabilität.

4.1.3 Software-Komponenten von Kryptowährungen

Aus der Sicht der Software kann eine Kryptowährung als Ansammlung von Programmen betrachtet werden, welche die Regeln des Konsensalgorithmus implementieren. Die typischerweise zu einer Kryptowährung gehörende Software realisiert dabei unterschiedliche Funktionen:

- Wallet-Anwendung – Software für das Empfangen und Absenden von Transaktionen durch einen Anwender: Eine Wallet generiert für ihren Besitzer zunächst eine Reihe von Adressen, ausgehend von zufällig erzeugten privaten und öffentlichen Schlüsseln. Werden Transaktionen von anderen Systemteilnehmern an eine der Adressen gesendet, steht der übertragene Betrag als Guthaben für die Durchführung ausgehender Transaktionen zur Verfügung. Dabei stellt eine Wallet zunächst eine auf Adressen bezogene Projektion aller Blockchain-Transaktionen dar, sodass die Anwendung während des Empfangs nicht zwingend ausgeführt werden muss. Eine ausgehende Transaktion wird unter Angabe einer Empfängeradresse erstellt, mit einem oder mehreren privaten Schlüsseln der Absenderadressen signiert und an das Netzwerk abgesendet.
- Node-Software – Software zur Ausführung des Konsensalgorithmus: Die Knoten (Nodes) des Systems empfangen die

[6] z. B. ERC 20 (fungibel), 721 (nichtfungibel) und 1155 (fungibel/nichtfungibel), http://eips.ethereum.org/erc.

Transaktionen der Wallet-Anwendungen, validieren diese und senden sie innerhalb des Systems an andere Knoten. Einige Knoten erstellen Blöcke durch Mining, indem beispielsweise das Proof-of-Work-Verfahren zur Ausführung kommt.
- Block-Explorer – Software-Tools und Webseiten zur Anzeige von Blöcken und Transaktionen: Beispiele für Bitcoin sind www.blockstream.info, blockchair.com oder blockchain.com sowie etherscan.io und bloxy.info für Ethereum. Das nachfolgende Beispiel demonstriert die Anwendung eines Block-Explorers.
- Merchant-Services – Payment-Lösungen zur Annahme von Zahlungen in Kryptowährungen: Diese Software steht entweder als Plug-In für E-Commerce- oder Content-Management-Systeme zur Verfügung oder wird als externer Service eingebunden. Beispiele für die weit verbreitete Wordpress-Plattform sind das Coingate-Plugin[7] und Cryptowoo[8]. Weitere bekannte Services sind www.bitpay.com sowie www.coinpayments.net. Einige Services bieten zudem eine Konvertierung in CHF, EUR oder USD an.

Insbesondere Block-Explorer geben einen interessanten Einblick in die öffentliche Buchführung und erlauben Recherchen ausgehend von drei Ansatzpunkten: a) die je Block getätigten Transaktionen, b) die je Adresse getätigten Transaktionen sowie c) die Details einer Transaktion, einschließlich Inputs, Outputs, Adressen und Skripts.

Beispielsweise zeigt die folgende Transaktion in Tab. 4.3 einen Transfer von 0,245 BTC (Bitcoin) von einer Adresse 15yNZjR5CpdhEqojjiJAoYFBjCdtTjD341 an zwei weitere Adressen, die mutmaßlich der Wallet-Software von zwei unterschiedlichen Systemteilnehmern angehören:

[7]siehe https://wordpress.org/plugins/coingate-for-woocommerce/.

[8]siehe https://www.cryptowoo.com/.

Tab. 4.3 Transfer von Bitcoins Transaktion 4707.551f3cf507f42968e-c3000eb48e05d51bea4ec51e13bdd0f8dccb98e65c1

Input #0 Adresse 15yNZjR5CpdhEqojjiJAoYFBjCdtTjD341	0,245 BTC
Output #0 Adresse 1N1izs1ULXKDnipAuot4939CpJvoKD8JGw	0,1 BTC
Output #1 Adresse 16jsmyrFsA2M5QwLkTkfUyog5auyJrtMtN	0,14459 BTC

Die Transaktion wird durch diesen Hash-Wert identifiziert. Sie ist z. B. einsehbar unter: https://blockstream.info/tx/4707.551f3cf507f42968ec3000eb48e05d51bea4ec51e13bdd0f8dccb98e65c1.

Die Analyse könnte an dieser Stelle unter einer der Adressen fortgesetzt werden. Eine detaillierte Ansicht in einem Block-Explorer-Tool verdeutlicht dabei die nachfolgend betrachtete technische Umsetzung von Transaktionen.

4.1.4 Geld-Transaktionen in der Blockchain

Kryptowährungen basieren auf einer öffentlichen Buchführung von verteilt vorliegenden Transaktionen, deren Korrektheit von allen Systemteilnehmern überprüfbar ist.

Das Konzept der Transaktion

Der Absender einer Transaktion führt die Erstellung in einer Wallet-Anwendung aus, die eine Menge von Adressen eines Systemteilnehmers zusammen mit den hierzu gehörenden privaten und öffentlichen Schlüsseln speichert.

Eine Transaktion umfasst:

- 1 bis m Inputs, die sich auf je eine Absender-Adresse und einen Betrag beziehen.
- 1 bis n Outputs in Form von Empfänger-Adressen mit den jeweils zu transferierenden Beträgen.

- Signaturen der zu den Input-Adressen gehörenden privaten Schlüssel.

Ein Input referenziert stets einen Output einer vorhergehenden Transaktion, der als Unspent Transaction Output (UTXO) zuvor noch nicht als Input verwendet wurde. Die privaten Schlüssel der Absender-Adressen signieren die Transaktion und weisen damit a) den Besitz der Inputs durch die Absender und b) die Autorisierung des Transfers gegenüber Dritten öffentlich nach.

Abb. 4.1 zeigt ein Beispiel einer Transaktion zwischen den Adressen 1A00, 1A01 einer Wallet A sowie 1B00 einer Wallet B. An Wallet B werden 0,4 BTC übertragen.

Zur Wahrung der Konsistenz gelten hinsichtlich der Beträge die folgenden Invarianten:

1. Jeder Input referenziert einen Output einer vorhergehenden Transaktion.
2. Jeder referenzierte Output ist ein Unspent Transaction Output (UTXO).
3. Jeder UTXO geht vollständig in die Transaktion ein.
4. Die Summe der Outputs übersteigt die Summe der Inputs nicht.

An dieser Stelle wird die Bedeutung der UTXO zur Repräsentation von Geldeinheiten deutlich. Ein UTXO entspricht konzeptuell einer elementaren Geldeinheit, deren Wert sich durch vorhergehende Transaktionen bestimmt.

Eine Konsequenz ist die Notwendigkeit von „Wechselgeld". Im Normalfall stimmt ein zu transferierender Betrag nicht exakt mit der Summe vorliegender Inputs überein. Die häufigste Form der Transaktion enthält daher einen Input und zwei Outputs, wobei einer der Outputs einen Betrag zurück zu einer Adresse der Wallet des Absenders transferiert. Ein Beispiel ist UTXO T3:2 in Abb. 4.1.

Transaktionsgebühren

Die Differenz zwischen der Summe der Outputs und der Summe der Inputs wird in Bitcoin und den meisten anderen Systemen als Transaktionsgebühr an den Miner des Blocks abgeführt.

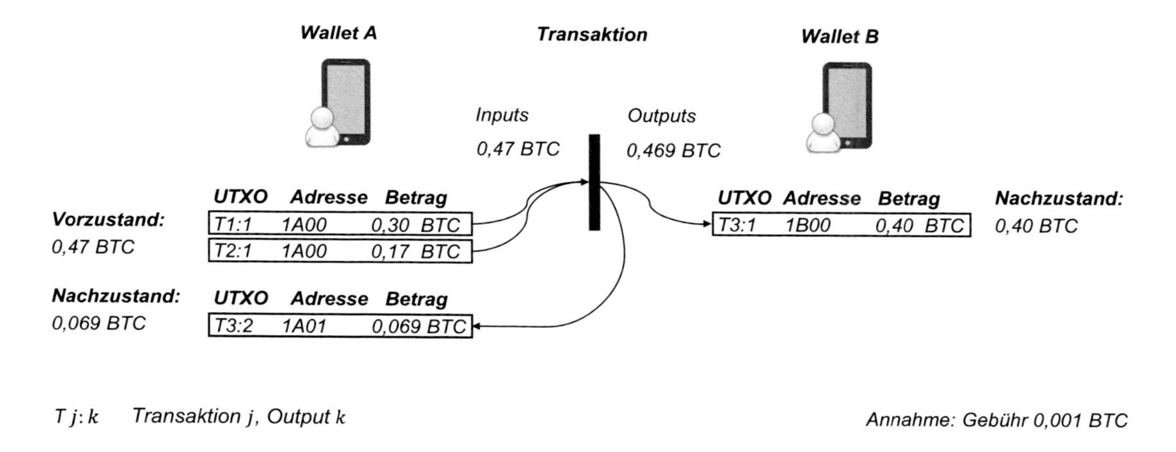

Abb. 4.1 Inputs und Outputs einer Transaktion

Die Gebühr hängt von der Größe der Transaktion ab (typischerweise einige Hundert Byte) und der Auslastung des Systems. Mit zunehmender Auslastung konkurrieren Transaktionen um die Aufnahme in einen Block. Die Entwicklung der Gebühr bildet meist die Systemauslastung ab. Zwischen Mai 2018 und Mai 2019 liegt die mittlere Gebühr umgerechnet zwischen 0,16 US$ und 6,85 US$[9]. Je nach Währung können weitere Faktoren hinzukommen, wie z. B. der Typ der Transaktion und das verwendete Signaturverfahren.

Bestimmung des Guthabens durch Verkettung von Outputs und Inputs
Zur Bestimmung des Guthabens einer Wallet wird die Summe der UTXO-Beträge für alle verwalteten Adressen gebildet. Hierfür muss eine Wallet-Software alle vorhergehenden Blöcke evaluieren, um zeitlich zurückliegende UTXO aufzufinden. Eine interne Datenstruktur verwaltet sämtliche nicht ausgegebenen Outputs als UTXO Set. Zur Überprüfung der Konsistenz des Datenbestandes der Blockchain werden sämtliche UTXO bis Block 0 auf ihre Vorgänger zurückgeführt. Abb. 4.1 zeigt die Outputs des UTXO-Sets (Beschriftung UTXO) und illustriert die Verkettung von Outputs und Inputs über mehrere Blöcke hinweg.

Systemseitige Verarbeitung einer Transaktion
Die Daten einer Transaktion, d. h. Inputs, Outputs und Signaturen, werden typischerweise nicht in Form von einzelnen Werten gespeichert. Stattdessen wird jede Transaktion als Programm oder Skript erfasst (Antonopoulos 2018), dessen Ausführung in der Node-Software beliebiger Systemteilnehmer stattfindet. Erst mit der Ausführung der hinterlegten Programmbefehle wird eine Zustandsänderung des Datenbestandes herbeigeführt. Dieser Weg wird in Bitcoin und vielen weiteren Systemen gewählt, um Geldtransaktionen programmierbar durchzuführen und in Smart Contracts an beliebige Programme und Bedingungen zu knüpfen.

[9]siehe z. B. https://bitinfocharts.com/de/comparison/bitcoin-transactionfees.html.

Aus Sicht des Anwenders wird eine Transaktion als final abgeschlossen bewertet, nachdem sie in einem Block gespeichert und durch das Anfügen weiterer nachfolgender Blöcke mehrfach bestätigt wird. Der Parameter Transaktionsbestätigungen N (Abb. 4.2) bezeichnet die Anzahl der nach Maßgabe des Konsensalgorithmus gültigen Blöcke, die ab dem Block der Transaktion vorliegen. Die Dauer eines Zyklus zur Ausführung des Konsensalgorithmus bestimmt die Zeitdauer der Bestätigung. Wird im Mittel etwa alle 10 min ein Block angefügt (Bitcoin), kann die Bestätigung mit den für N typischen Werten im Intervall [3–6] mehrere zehn Minuten bis hin zu einigen Stunden andauern. Die konkrete Dauer ist aufgrund des nicht-deterministischen Konsensalgorithmus vorab nicht bestimmbar und hängt bei hoher Auslastung des Systems zudem von der Transaktionsgebühr ab.

4.1.5 Ausblick

Kryptowährungen besitzen das Potenzial, eine überall verfügbare und international standardisierte Form des Geldes auf der Infrastruktur des Internets zu etablieren. Wesentliche Faktoren hierfür sind die globale Verfügbarkeit der Blockchain, deren algorithmische Absicherung und die unmittelbare Durchführung von Transaktionen zwischen Nutzern.

Die klassischen Geldfunktionen verdeutlichen die Potenziale und Limitationen der neuen Geldform. Bei Betrachtung der Funktionen Wertaufbewahrungsmittel und Rechnungseinheit ergibt sich ein uneinheitliches Bild. So unterliegen die fünf größten Kryptowährungen derzeit hohen Kursschwankungen bei gleichzeitig tendenziell abnehmender Geldmenge. Die Funktion des Tauschmittels wird durch bestehende fungible und nicht-fungible Ausprägungen von Coins und Tokens realisiert. Deren Kernbestandteil miteinander verketteter und kryptografisch abgesicherter Transaktionen führt zu hoher Transparenz, der Nachvollziehbarkeit der Korrektheit aller Buchungen und der Rückverfolgbarkeit von Transaktionen.

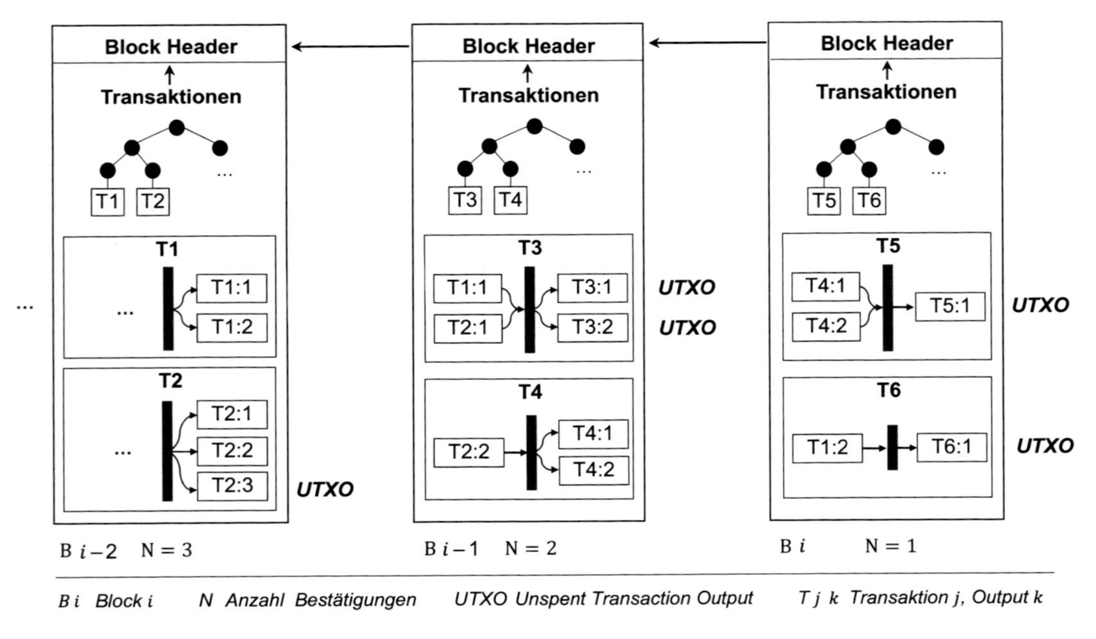

Abb. 4.2 Inputs und Outputs von Transaktionen innerhalb einer Blockchain

Technische Limitationen gegenüber zentralisierten Systemen betreffen in erster Linie den Energieverbrauch und die Skalierbarkeit aktueller Blockchains. Zum einen erfordern Verfahren wie Proof-of-Work die Aufwendung von Energie. Derzeit sichert eine Leistung von einigen Gigawatt die Bitcoin-Blockchain gegen Veränderungen ab[10]. Effizientere Konsensalgorithmen wie Proof-of-Stake in Ethereum 2.0[11] versprechen Besserung; sie sind momentan noch nicht ausgereift.

Zum anderen ist die Durchführung individueller Transaktionen für Millionen von Systemteilnehmern mit etablierten Kryptowährungen derzeit noch nicht realisierbar. Ein Fortbestehen dieser Limitation würde zu einem Geldsystem führen, in dem ansteigende Transaktionsgebühren die Funktion des Tauschmittels gegenüber der des Wertaufbewahrungsmittels beeinträchtigen. Transfers sind in diesem Fall in erster Linie für Settlement-Systeme zum Ausgleich hoher Beträge relevant. Andererseits besteht mit Skalierungstechnologien wie „Lightning" (Poon und Dryja 2016) das Potenzial, eine „zweite Schicht" auf bestehenden Blockchain-Systemen aufzusetzen, die nicht mehr jeden Transfer in einer einzelnen Transaktion verbucht. Die hiermit entstehenden Zielkonflikte zwischen Sicherheit, Energieeffizienz und Performance sind Gegenstand aktueller Forschung und Entwicklung.

Die mit der radikalen technischen Innovation einhergehende Disruption hat mindestens für Unternehmen der Finanzbranche erhebliche Auswirkungen. Aus Sicht dieser Branche könnten Kryptowährungen zu einer Bedrohung des Kerngeschäfts werden, da neben dem Transfer und der Aufbewahrung von Geld selbst der Handel von Asset, Security und Equity Tokens ohne Intermediation durchführbar ist.

Aus technischer Sicht entfällt die Notwendigkeit von Clearing-Stellen, von Routing zwischen mehreren Banken bei internationalen

[10]siehe https://www.economist.com/the-economist-explains/2018/07/09/why-bitcoin-uses-so-much-energy.

[11]siehe https://docs.ethhub.io/ethereum-roadmap/ethereum-2.0/proof-of-stake/.

Transfers sowie von Handelsplattformen. Dies schließt Wertpapiere ein und, in Verbindung mit Stable Coins, den Fremdwährungshandel. In einem ersten Schritt versuchen Unternehmen wie JPMorgan Chase[12], SWIFT[13] und Facebook nun, diese Vorteile in ihren Produkten zu nutzen. Facebook plant nach mehrjähriger Entwicklung einer zugangsbeschränkten Blockchain nun die Einführung der Währung Libra als Stable Coin. Der Betrieb soll durch ein Konsortium aus Visa, Mastercard, PayPal, Uber und einer Vielzahl weiterer Unternehmen erfolgen; die Spezifikation und der Quellcode sind offen zugänglich und überprüfbar.

Libra basiert auf einem BFT-Konsensalgorithmus[14], der in privaten Blockchains mit bekannten Knoten eine höhere Transaktionsrate erzielen kann. In Systemen dieser Art wird mindestens der Zeit- und Kostenaufwand von internationalen Transaktionen verringert, deren verbindliche Buchungen nun innerhalb von Sekunden oder Minuten erfolgen. Die Nutzeffekte voneinander isolierter Blockchains sind hier auf einzelne Unternehmen beschränkt.

Private Blockchain-Systeme konkurrieren mit offenen und interoperablen Systemen, die Individuen und Unternehmen bisher nicht umsetzbare Anwendungen auf Basis von programmierbarem Geld anbieten. Gleichzeitig beginnen derzeit Bestrebungen, internationale Regelungen für die Regulierung von Kryptowährungen zu etablieren, wobei die technologischen Potenziale auch von Zentralbanken[15] und der Weltbank[16] anerkannt werden. Für diese

[12]siehe JP Morgan Chase, https://www.jpmorgan.com/global/blockchain.

[13]siehe SWIFT, https://www.swift.com/news-events/news/swift-to-bring-benefits-of-gpi-to-dlt-and-trade-ecosystems.

[14]Byzantine Fault Tolerance, siehe https://developers.libra.org/docs/crates/consensus.

[15]siehe Communiqué, G20 Finance Ministers and Central bank Governors Meeting, 2019, Fukuoka, Japan, https://www.mof.go.jp/english/international_policy/convention/g20/communique.htm.

[16]siehe Financial Times, IMF and World Bank explore crypto merits with blockchain project. 12.04.2019, https://www.ft.com/content/1cfb6d46-5d5a-11e9-939a-341f5ada9d40.

besteht mindestens die Möglichkeit, die Transaktionskosten für Ausgleichs- oder Settlement-Transfers zu verringern.

Aus technischer Sicht sind darüber hinaus geldpolitische Mechanismen algorithmisch implementierbar, wobei die Identität repräsentierter Geldeinheiten die Entstehung von nicht auf Schulden basierenden Vollgeldsystemen fördert. Hier besteht, dem aktuellen Entwicklungsstand nach, eine grundlegende Limitation durch die ausschließliche Einbeziehung von Blockchain-internen Parametern, z. B. der Geldmenge. Faktoren der wirtschaftlichen Entwicklung werden dabei nicht berücksichtigt. Eine mechanistische Betrachtung der Geldpolitik birgt daher das Risiko, die Bedeutung ausgleichender finanzpolitischer Maßnahmen zu unterschätzen. Diese sind stets nichtautomatisiert und betreffen z. B. die gezielte Erhöhung bzw. Verringerung öffentlicher Ausgaben oder Schulden in Abhängigkeit von der konjunkturellen Entwicklung.

Eine abschließende Beurteilung der Auswirkungen von programmierbarem Geld ist derzeit noch nicht möglich. Die aktuellen Entwicklungen zeigen, dass die damit realisierbaren Anwendungen für Individuen, Unternehmen und Staaten an Bedeutung gewinnen und dabei sind, ein fester Bestandteil des globalen Finanzsystems zu werden.

4.2 Identity Management

unter Mitwirkung von Felix Härer

Eine Idee zur weiteren Nutzung der Blockchain ist das Identitätsmanagement. Während in der realen Welt die Identität von Personen mit amtlichen Dokumenten wie Pässen oder Führerscheinen ermittelt werden kann, existiert in der Online-Welt bislang keine solche Möglichkeit.

4.2.1 Zentrales versus dezentrales Identitätsmanagement

In der elektronischen Welt existieren nur zentralisierte Lösungen zur Verwaltung von digitalen Identitäten. Ein Beispiel ist der elektronische Personalausweis in Deutschland oder die digitale Bürgerkarte bzw. Handy-Signatur in Österreich. Die Besitzer dieser elektronischen IDs (e-ID) können sich digital ausweisen und/oder Dokumente per elektronischer Signatur unterzeichnen. Beide Funktionen beruhen auf staatlich herausgegebenen kryptografischen Schlüsseln (siehe Abschn. 2.3) und auf einem zentral vorgehaltenen Zertifikat eines qualifizierten Dienstanbieters, der die Identität bestätigt.

Die meisten Internetnutzer haben heute eine Vielzahl von Konten, die mit unterschiedlichen Benutzernamen/Passwörtern von einer Vielzahl von Webseiten verwaltet werden. Durch die Konten erhalten sie auf den zugehörigen Systemen Zugriff auf die hinterlegten Ressourcen. Mit der Blockchain kann eine Lösung entwickelt werden, bei der digitale Identitäten von den Benutzern selbst verwaltet werden. Systeme, die Informationen benötigen, können diese über die Blockchain abfragen, wenn der Benutzer ihnen Zugriff gibt.

Die sogenannte Self Sovereign Identity, kurz SSI, (Der et al. 2018) adressiert zwei grundlegende Probleme der derzeitigen Verwaltung von Benutzerdaten. Zum Ersten müssen derzeit je Konto separate, eindeutige und sichere Passwörter durch den Benutzer vergeben werden. Dies kann durch einen „Single Sign-on“ in Verbindung mit standardisierten elektronischen Identitäten[17] weitgehend gelöst werden. Basiert ein solches System auf einer Blockchain, so entfällt zudem die Notwendigkeit von Intermediären, die Daten für ihre Benutzer verwalten. Damit wird zum Zweiten das Problem der Datenhoheit adressiert. Die Kontrolle der eigenen Identität, die Erstellung von Identitätskennungen und deren Verknüpfung mit Benutzerdaten geht vom Anwender aus.

[17] siehe z. B. https://www.egovernment.ch/de/umsetzung/schwerpunktplan/elektronische-identitat/.

Das Prinzip der Identität in der Blockchain lässt sich anhand von Adressen in Kryptowährungen verdeutlichen. Dort erzeugt ein Benutzer innerhalb einer Wallet-Software eigenständig eine beliebige Anzahl von Adressen (siehe Abschn. 4.1), die für das Absenden und Empfangen von Transaktionen herangezogen werden. Der Benutzer weist sich gegenüber einem Transaktionspartner mit dieser Adresse aus, die eine pseudonyme Identitätskennung darstellt. Jede von der Transaktion ausgehende Adresse kann anhand der Signatur verbindlich ihrem Absender zugeordnet werden.

Die Idee hinter dem Identitätsmanagement in der Blockchain besteht darin, dieses Konzept um personenbezogene Daten sowie um Software zur Verwaltung und Überprüfung von Identitäten zu erweitern. Typische Funktionen sind die vom Benutzer ausgehende Generierung von Identitätskennungen, die Verknüpfung von Daten mit einzelnen Identitätskennungen und die Validierung von Identitätskennungen ohne eine zentrale Instanz.

Die Generierung von Kennungen und deren Verknüpfungen mit Daten ist von der Anwendung abhängig. Wird beispielsweise eine Kennung für einen Online Shop erzeugt, werden mindestens Name und Adresse des Benutzers verknüpft. Für staatliche Anwendungen, z. B. für den Zugang zu Abstimmungssystemen, werden weitere Daten verknüpft und außerhalb der Blockchain authentifiziert (vgl. Abschn. 4.5).

4.2.2 Identitätsmanagement-Systeme

In den letzten Jahren wurden bereits einige auf Blockchain basierende Identity Management Systems entwickelt. Bitnation[18] versucht eine ‚Welt-Identität' aufzubauen. Personen aus der ganzen Welt können sich dort anmelden und Bürger von Bitnation werden. Der Bitnation-Pass wird in einer dezentralen Blockchain abgelegt.

[18] siehe https://tse.bitnation.co/.

Die Vereinten Nationen haben auf dem ID2020 Summit im Juni 2017 einen ersten Prototypen für eine digitale Ausweislösung vorgestellt. Dieser Prototyp basiert auf einer Blockchain-Lösung von Accenture und wird auf Microsofts Cloud Lösung Azure betrieben. Mit dieser Lösung soll Menschen geholfen werden, die keine offiziellen Ausweispapiere besitzen. Ein Betatest ist für das Jahr 2020 geplant. Als Teil der Decentralized Identity Foundation[19] (DIF) verfolgen Unternehmen wie Microsoft, IBM und Accenture eine weitergehende Standardisierung zur Verwaltung von Identitäten und beliebigen Daten.

Das Unternehmen ShoCard aus Cupertino, USA bietet eine auf Blockchain basierende gleichnamige Lösung, bei welcher sich Personen registrieren und anschließend ihre persönlichen Daten mit anderen teilen können. ShoCard bietet für Unternehmen bereits eine Vielzahl von Diensten, um beispielsweise ein auf ShoCard basierendes Benutzer-Login oder eine Altersprüfung zu realisieren.

Die BigchainDB ist eine mit Blockchain realisierte digitale Datenbank. BigchainDB speichert Daten in sogenannten Assets. Ein Asset ist irgendein Objekt (etwa ein Dokument oder ein Foto), welches mit einer Transaktion in die Datenbank eingefügt wird. Jedes Asset gehört genau einer Person. Die Zugehörigkeit wird mit einer Signatur bestätigt. Gewisse Attribute können, nachdem das Asset eingefügt wurde, nicht mehr verändert werden, andere Attribute, sogenannte Metadaten, lassen sich hingegen anpassen. Ein Asset kann an eine andere Person übertragen werden. Für die Übertragung muss die Person über ihren privaten Schlüssel das Eigentum nachweisen.

Die BigchainDB wird bereits bei vielen Dienstleistern eingesetzt. Ein Beispiel ist das Startup ascribe GmbH (McConaghy und Holtzman 2015), welches eine Rechteverwaltungslösung für Künstler aufgebaut hat. Künstler können ihre Werke verwalten, übertragen und über die BigchainDB nachverfolgen.

[19]siehe https://identity.foundation/.

Decentralized Identifiers (DID's) sind ein aufkommender Standard für dezentrale Identitäten (Hughes et al. 2019), der durch das World Wide Web Consortium (W3C) standardisiert wird[20]. Ein Decentralized Identifier ist eine Identitätskennung, die ein Benutzer für die Anmeldung von Benutzerkonten oder für den Existenznachweis von Dokumenten generiert. Analog zu Adressen von Kryptowährungen wird aus einem zufällig erzeugten kryptografischen Schlüssel eine DID generiert, die den Benutzer identifiziert. Anschließend kann bei der Erstellung eines Kontos eine zweite kontenspezifische DID erzeugt werden, die kryptografisch mit der ursprünglich generierten verknüpft ist. Anhand mehrerer DID-Paare wird die Nachverfolgung von Benutzeraktivitäten über verschiedene Webseiten und Dienste hinweg verhindert.

Auch Microsoft setzt auf das DID-Konzept und hat hierfür einen Prototyp entwickelt, der eine Abstraktionsschicht für Identitäten basierend auf der Bitcoin-Blockchain aufsetzt. Dieses Identity Overlay Network[21] (ION) speichert DID-Paare in sogenannten Sidetrees außerhalb der Blockchain. Eine Menge an DID-Paaren wird nach dem Prinzip des Merkle-Baumes durch den Hash-Wert der Wurzel repräsentiert. Die Integrität eines DID-Paares kann durch Zurückführung auf die Wurzel von Dritten dezentral nachgewiesen werden.

Zudem werden Blockchains für die Echtheitsüberprüfung bei Gütern diskutiert. Hier können beispielsweise Eigentumsnachweise zu Antiquitäten oder Oldtimern abgelegt werden, damit Käufer keine Fälschungen oder gestohlene Gegenstände erwerben.

Auf die gleiche Art könnten Herkunftsnachweise von Produkten und Vorprodukten in einer Blockchain abgelegt werden, wodurch sich Eigentümerwechsel, Verwendungsnachweise und Wartungen nachvollziehen lassen. Die Verwendung für das Supply Chain Management ist Gegenstand aktueller Forschung und wird von Unternehmen wie IBM und Maersk erprobt.

[20]siehe https://w3c-ccg.github.io/did-spec/.

[21]siehe https://techcommunity.microsoft.com/t5/Azure-Active-Directory-Identity/Toward-scalable-decentralized-identifier-systems/ba-p/560.168.

4.2.3 Zukunftsperspektive

In Zukunft ist vorstellbar, dass auch staatliche Stellen Blockchain-Lösungen für das Identitätsmanagement anbieten. Beispielsweise wird aktuell in der Schweizer Stadt Zug eine Blockchain-basierte Lösung für eIDs erprobt, die auf der Ethereum-Blockchain basiert[22]. Damit würde es möglich, rechtlich abgesicherte Identitäten im elektronischen Bereich auf Blockchain-Basis zu verwenden, die über bisherige, zentralisierte Verfahren hinausgehen. Damit könnte die Authentifizierung von Personen über die Ethereum-Blockchain dezentral abgewickelt werden.

4.3 Smart Contracts

Smart Contracts stellen einen weiteren interessanten Anwendungsfall von Blockchain-Technologien dar. Sie erweitern die Möglichkeiten der Interaktion mit Blockchains um eine Automatisierungskomponente und bieten zahlreiche Anknüpfungspunkte für darauf aufsetzende betriebliche Anwendungen, wie die automatische Auslösung von Zahlungen beim Eintreffen bestimmter Zustände in der Blockchain oder externen Systemen, wie z. B. Sensorsystemen. Ebenso können Smart Contracts zur Realisierung von sogenannten Tokens eingesetzt werden.

Historisch können Smart Contracts als eine Fortsetzung und grundlegende Erweiterung bisheriger Ansätze im Bereich der Automatisierung von betrieblichen Abläufen eingeordnet werden. Mit dem Aufkommen von Ansätzen zur Modellierung und Analyse von Geschäftsprozessen in den 1990er-Jahren und der folgenden Entwicklung von Ansätzen des Workflow-Managements zur maschinengestützten Ausführung dieser Modelle wurden die Grundsteine gelegt, in deren Tradition die aktuellen Ansätze für Smart Contracts stehen. Schon damals wurden Überlegungen angestellt, wie Teile von automationsgestützten Geschäftsprozessen

[22]siehe https://www.netzwoche.ch/news/2017–07-10/stadt-zug-bietet-e-id-auf-blockchain-basis.

auf verschiedene Systeme verteilt werden könnten. Kernpunkt in der damaligen Betrachtung war die Verwendung von zentral betriebenen Workflow-Engines, die die Ausführung der einzelnen Prozessschritte steuerten und überwachten. Mit dem Aufkommen der Internettechnologien wurden diese Ansätze in einen Web-Kontext überführt. Damit wurde es nicht nur möglich, Web-Services, d. h. im Internet verteilte Dienste, die auf Basis von Eingabeparametern Operationen ausführen und Daten liefern, in die Prozessausführung einzubinden, sondern auch deren Verteilung über Organisations- und Ortsgrenzen hinweg.

Smart Contracts stehen in der Tradition dieser Ansätze, sie gehen jedoch in einigen wichtigen Punkten über die bisherigen Möglichkeiten hinaus. In Verbindung mit Blockchain-Technologien wird erreicht, dass auf zentrale Ausführungsengines verzichtet werden kann und stattdessen die Ausführung von Programmcode vollkommen dezentral von den Minern der Blockchain durchgeführt werden kann.

4.3.1 Smart Contracts als Programmcode

Grundsätzlich ist ein Smart Contract zunächst nichts anderes als ein Stück Programmcode, der eine Reihe an Instruktionen enthält, die von einer Maschine ausgeführt werden können. Ein Entwickler eines Smart Contracts spezifiziert diesen Code in einer Programmiersprache auf Basis von fachlichen Anforderungen. Anschließend wird der Code im Rahmen einer Transaktion an eine Smart Contract unterstützende Blockchain gesendet, die diesen – meist gegen Zahlung einer Gebühr – in einen Block integriert. Wird der Block korrekt validiert und in die Blockchain aufgenommen, ist er in weiterer Folge auf allen Knoten der Blockchain verfügbar. Soll auf die im Smart Contract enthaltene Funktionalität zugegriffen werden, wird eine entsprechende Transaktion unter Angabe der an den Smart Contract zu übermittelnden Parameter – wiederum gegen Zahlung einer Gebühr – an die Blockchain gesendet. Im Rahmen des Mining erkennt der Miner den gewünschten Zugriff auf den Smart Contract in der Transaktion und führt den Smart Contract mit den übergebenen

Parametern aus. Die Auswirkungen des Smart Contract – wie z. B. das Auslösen von weiteren Transaktionen – werden in der Blockchain festgehalten.

Woraus ergibt sich nun der Nutzen von solchen Smart Contracts? Im Vergleich zu klassischen Programmen, die auf einem Rechner hinterlegt sind und dort ausgeführt werden, ist bei Smart Contracts nicht festgelegt, von wem und auf welchem Rechner sie ausgeführt werden. Jeder Teilnehmer der Blockchain kann den Smart Contract potenziell ausführen und dezentral überprüfen, ob das Ergebnis der Ausführung zu den in der Blockchain gespeicherten Werten (Zustandsvariablen) führt. Für die Ausführung wird eine Vergütung ausgezahlt. Gleichzeitig wird der Zustand des Smart Contracts bzw. seine Ergebnisse weltweit über die gesamte Blockchain verfügbar gemacht. Smart Contracts werden daher in der Literatur als eine Art „dezentraler Weltcomputer" bezeichnet. Auch wenn die aktuell verfügbaren Umsetzungen von Smart Contracts noch zahlreiche Einschränkungen aufweisen, steht damit das Potenzial im Raum, traditionelle Arten von IT-Architekturen abzulösen. Dies würde in weiterer Folge die Ablösung von Geschäftsmodellen betreffen, die auf der Zentralisierung der Datenverarbeitung bei einem bestimmten Anbieter aufbauen. Es ist damit zum Beispiel vorstellbar, dass es für die Reservierung eines Hotelzimmers oder einer privat vermieteten Wohnung nicht mehr zentraler Plattformen zur Buchungsvermittlung bedarf, sondern dass die Abwicklung dezentral und transparent mit Hilfe von Smart Contracts erfolgt, die automatisch auf Basis einer eingegangenen Zahlung und vorhergehender Transaktionshistorien von Anbietern und Kunden eine Reservierung vornehmen und in der Blockchain festhalten. Sogar die Interaktion mit externen Systemen, wie z. B. einem Smart Lock, das den Zutritt zu einem Mietobjekt freigibt, erscheint möglich.

Die praktische Umsetzung von Smart Contracts muss – aufgrund derzeit noch fehlender Standardisierungen in diesem Bereich – anhand von konkreten Plattformen betrachtet werden. Dies wird im Folgenden anhand der Ethereum-Plattform, die eine der am weitesten verbreiteten Plattformen ist, erfolgen. Anschließend wird Solidity als eine Sprache zur Beschreibung von Smart Contracts in Ethereum erläutert sowie die Nutzung sogenannter „Oracles“ zur Einbindung von externen Daten in Smart Contracts und die Realisierung von Tokens vorgestellt. Als Abschluss des Kapitels wird auf derzeitige Limitationen und mögliche zukünftige Entwicklungen eingegangen.

4.3.2 Plattformen für Smart Contracts

Für die Hinterlegung von Smart Contracts in einer Blockchain muss die entsprechende Blockchain-Plattform diese unterstützen. Auf der Bitcoin-Plattform können zum Beispiel rudimentäre Code-Skripte hinterlegt werden, die einfache Transaktionen auslösen können. Im Vergleich zu vollständigen Programmiersprachen weisen diese Skripte allerdings zahlreiche Einschränkungen auf. Ein Anwendungsfall ist das Auslösen von Transaktionen zu einem bestimmten Zeitpunkt in der Zukunft, die dann eine Zahlung an eine bestimmte Adresse bewirken. Ein grundlegender Nachteil dabei ist, dass die zur Verfügung stehenden Befehle – so wie der gesamte Aufbau von Bitcoin – nicht explizit in Dokumenten spezifiziert sind, sondern nur in der Code-Basis der Plattform nachgelesen werden können. Darüber hinaus sind die Befehle lediglich in Form von Codes verfügbar, die für technisch wenig versierte Anwender praktisch nicht verständlich sind. Smart Contracts können daher auf Bitcoin nur in einfacher Form realisiert werden.

Demgegenüber bieten Blockchain-Plattformen wie Ethereum oder Hyperledger Fabric einen wesentlich umfangreicheren Befehlssatz zur Spezifikation von Smart Contracts. In Ethereum können Smart Contracts mit einem ähnlichen Satz von Befehlen wie in traditionellen Programmiersprachen beschrieben werden. In der Informatik wird das als sogenannte „Turing-Vollständigkeit“ bezeichnet. Damit ist es möglich, beliebige Rechenschritte in einem Smart Contract durchführen zu lassen. Bei Ethereum ist zu beachten, dass für die Ausführung der in einem Smart Contract enthaltenen Befehle bezahlt werden muss. Der entsprechende Betrag wird anhand der Anzahl und des Umfangs der Befehle im Smart Contract errechnet und muss mit dem Aufruf des Smart Contracts an diesen übermittelt werden. Ist der Betrag aufgebraucht, bevor die Ausführung des Smart Contracts beendet ist, werden alle bis dahin durchgeführten Befehle widerrufen. Der Betrag wird allerdings nicht rückerstattet. Mit dieser Vorgehensweise ist sichergestellt, dass einerseits die Miner, die den Smart Contract ausführen, für ihre Arbeit entlohnt werden. Andererseits wird so die Blockierung der Plattform durch Fehler in Smart Contracts verhindert, die zu nicht terminierenden Abläufen führen würden.

Smart Contracts auf der Ethereum-Plattform werden typischerweise in einer der speziell für Ethereum entwickelten, höheren Programmiersprachen definiert. Aktuell stehen dazu unter anderem die Sprachen Solidity, Serpent oder Vyper zur Verfügung. Allgemein stellen solche höheren Programmiersprachen Konstrukte wie Variablen, Zuweisungs- und Bedingungsoperatoren oder Schleifen in einer direkt verständlichen Notation bereit. Damit können Smart Contracts von Personen mit allgemeinen Kenntnissen in der Programmierung erstellt werden. Zu beachten ist jedoch, dass Smart Contracts aufgrund ihrer Unveränderbarkeit und Transparenz gegenüber allen Knoten der Blockchain besonders sorgfältig programmiert werden müssen. In der Vergangenheit kam es immer wieder durch Programmierfehler in Smart Contracts zu missbräuchlichen Verwendungen wodurch teilweise große finanzielle Schäden entstanden sind.

Um einen Smart Contract in Ethereum ausführen zu können, muss dieser zuerst mit einem Compiler in die technische Maschinensprache (Bytecode) der sogenannten Ethereum Virtual Machine übersetzt werden. Diese sorgt dafür, dass die Befehle des Smart Contracts auf beliebigen Computerarchitekturen ausgeführt werden können und sich die Programmierer und Nutzer nicht um die Details der technischen Ausführung auf verschiedenen Hardware-Plattformen und Prozessoren kümmern müssen.

Anschließend kann der Smart Contract mit einer speziellen Transaktion gegen Zahlung der Transaktionsgebühr in der Ethereum-Blockchain hinterlegt werden. Damit steht er allen Nutzern der Blockchain zur Verfügung. Bei Ethereum können Smart

Contracts danach nicht mehr verändert werden. Die einzige Möglichkeit einen Smart Contract zu löschen, ist die Integration einer Funktion, die zur Selbstzerstörung des Smart Contract führt. Enthält der Code keine solche Funktion, bleibt er auf immer in der Blockchain aktiv. Selbst wenn ein Smart Contract zerstört wurde, sind seine früheren Versionen in der Blockchain enthalten.

Smart Contracts in Ethereum können während der Ausführung nur auf bestimmte Informationen zugreifen: ihren eigenen Zustand, d. h. Variablen und Datenstrukturen, die im Smart Contract selbst enthalten sind, die Daten der sie aufrufenden Transaktion – um z. B. die Identität des Aufrufers anhand der aufrufenden Adresse zu ermitteln und die beim Aufruf übergebenen Daten zu verarbeiten –, sowie auf gewisse Informationen zu vorhergehenden Blöcken und den allgemeinen Status der Blockchain, wie z. B. der aktuellen Difficulty. Darüber hinaus können Ethereum Smart Contracts andere Smart Contracts aufrufen und Informationen über„Ereignisse“im Smart Contract zur Verfügung stellen, die von allen Knoten in der Blockchain beobachtet werden können. Eine direkte Interaktion mit Daten und Services ausserhalb der Blockchain ist nicht möglich. Es besteht jedoch die Möglichkeit, diese letzte Einschränkung mit Hilfe sogenannter„Oracles“zu umgehen, wie später noch ausgeführt werden wird.

Neben Ethereum bestehen noch weitere Blockchain-Plattformen, die die Ausführung von Smart Contracts erlauben. Ein Beispiel ist die Plattform Hyperledger Fabric, die sich für die Realisierung sogenannter„privater“Blockchains eignet. Private Blockchains sind nicht öffentlich zugänglich und erfordern die Authentifizierung der Blockchain-Teilnehmer. Damit sind sie besonders für Unternehmensanwendungen interessant, die den Teilnehmern die Daten der Blockchain und die dort stattfindenden Transaktionen nachvollziehbar zur Verfügung stellen. Die Validierung der Transaktionen erfolgt durch zentrale Knoten. Smart Contracts für Hyperledger Fabric (sogenannter Chaincode) können in einer Reihe von bekannten Programmiersprachen, wie z. B. JavaScript, Python oder Java, verfasst werden. Durch die Abschottung der Blockchain nach außen müssen bei privaten Blockchains nicht die speziellen Validierungsmechanismen wie bei öffentlichen Blockchains eingesetzt werden. In Hyperledger Fabric kann zum Beispiel die Art des Konsensus-Verfahrens im Sinne der erforderlichen Bestätigungen durch andere Knoten je nach Ausprägung der Blockchain festgelegt werden. Ebenso können bestimmte Bereiche in der Blockchain definiert werden, die nur für bestimmte Teilnehmergruppen zugänglich sind (Channels), um vertrauliche Informationen austauschen zu können.

4.3.3 Solidity – Sprache für Smart Contracts in Ethereum

Die Programmiersprache Solidity (Stoilov 2019) wurde initial maßgeblich unter dem Einfluss von Dr. Gavin Wood (Wood 2014) speziell für die Beschreibung von Smart Contracts im Rahmen der Ethereum Plattform vorgestellt und später mit Hilfe von zahlreichen Autoren weiterentwickelt. Für Solidity gibt es einen quelloffenen Compiler (solc), der den in der Sprache erstellten Code in den Bytecode der Ethereum Virtual Machine umwandelt. Zusätzlich können mit dem Compiler sogenannte ABIs (Application Binary Interfaces) erstellt werden, die Auskunft über die von einem Smart Contract bereit gestellten Funktionen und deren Parameter geben (vgl. Abb. 4.3). Dies gibt anderen Entwicklern, die die Funktionen des Smart Contracts

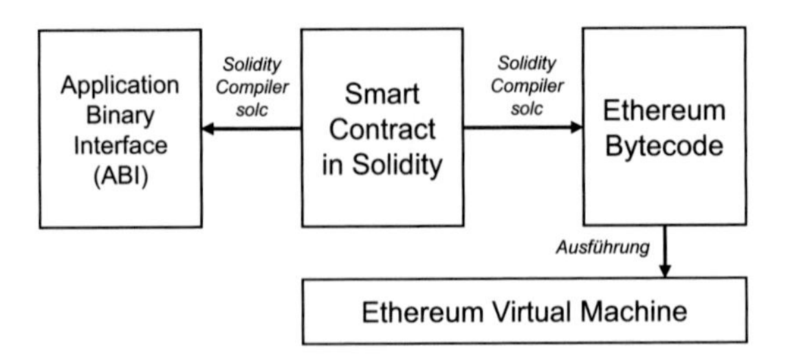

Abb. 4.3 Smart Contracts in Solidity zur Erzeugung von Ethereum Bytecode und ABI's

nutzen wollen, Einblick in die erforderlichen Parameter und Eigenschaften des Smart Contracts.

Solidity beinhaltet Befehle zum Anlegen von Variablen unterschiedlicher Typen, zur Zuweisung von Werten zu Variablen, übliche Kontrollstrukturen wie Bedingungen und Schleifen sowie Befehle zum Anlegen und Aufrufen von Funktionen. Darüber hinaus stehen Befehle zur Auslösung von Transaktionen und Ereignissen und dem Aufruf von anderen Smart Contracts, zur Identifizierung der Aufrufer eines Smart Contracts und zum Zugriff auf die Blöcke in der Ethereum-Blockchain zur Verfügung. Ebenso können bestehende Bibliotheken eingebunden und so der Funktionsumfang erweitert werden. Jeder Smart Contract in Ethereum kann Zahlungen in Form der Ethereum-Währung Ether erhalten. Zusätzlich können in Solidity-Funktionen als „payable" definiert werden. Damit ist es möglich, Zahlungen in Ether an eine bestimmte Funktion zu übermitteln.

Die folgende Abb. 4.4 zeigt ein einfaches Beispiel für einen Smart Contract in Solidity. Es wird damit die Funktion eines Rechners nachgebildet, der zwei Zahlen addiert oder multipliziert. Dazu werden zwei Funktionen definiert –„addition"und„multiplikation"– die jeweils zwei ganze Zahlen (Datentyp int) als Parameter erhalten können. Beide Funktionen sind als„pure"und„public"definiert. Damit wird ausgedrückt, dass sie auf keine Variablen im Speicher bzw. Daten der Blockchain

```
pragma solidity ^0.5.1;

contract Rechner {
    int speicher;
    function addition (int x, int y) public pure returns (int ergebnis) {
        return (x+y);
    }
    function multiplikation (int x, int y) public pure returns (int ergebnis) {
        return (x*y);
    }
    function sichereZahl (int zahl) public {
        speicher = zahl;
    }
    function lieferezahl () public returns (int zahl) {
        return speicher;
    }
}
```

Abb. 4.4 Beispiel für Solidity-Code

zugreifen und so den Zustand der Blockchain nicht verändern. Ausserdem sind sie öffentlich zugänglich und können somit von jedem Nutzer der Blockchain aufgerufen werden. Als Ergebnis liefern sie beide eine ganze Zahl mit den addierten bzw. multiplizierten Parametern zurück. Die Funktion „sichereZahl" hingegen nimmt eine Ganzzahl als Parameter entgegen und legt deren Wert in der Blockchain in der Variable „speicher" des Smart Contracts ab. Mit der Funktion „liefereZahl" kann diese Zahl aus dem Datenspeicher des Smart Contracts gelesen werden.

Für die Ausführung zum Beispiel der addition-Funktion würde das Ethereum-Netzwerk einen Preis von 340 Gas-Einheiten[23] verlangen. Je nach gewünschter Ausführungsgeschwindigkeit müssten dafür zum aktuellen Zeitpunkt des Schreibens dieses Buches zwischen 4 (60 s Ausführungszeit) und 20 GWEI[24] (10 s Ausführungszeit) pro Gas-Einheit bezahlt werden. Ein GWEI entspricht einem Nano-Ether (10^{-9}), womit sich beim aktuellen Preis von ca. 220 EUR für einen Ether ein durchschnittlicher Preis von ca. 0,001.056 EUR für die Ausführung eines Funktionsaufrufs ergibt. Wie bei praktisch allen öffentlichen Blockchains muss danach auf einige Bestätigungen gewartet werden, um die Möglichkeit des Ausscheidens des Blocks aus der Kette zu verringern.

4.3.4 Oracles zur Integration externer Daten

Wie bereits erwähnt, sind Smart Contracts eingeschränkt, was ihre Kommunikation mit der Welt ausserhalb der Blockchain betrifft. Sie können im Wesentlichen nur Daten in Form von an ihre Funktionen übergebenen Parametern empfangen und auf Daten in der Blockchain zugreifen. Ein Aufruf – beispielsweise eines externen Wetter-Service, der die aktuelle Temperatur für einen bestimmten Standort liefert oder eines Service, der Kursdaten von Wertpapieren

[23]Jeder ausgeführte Befehl der virtuellen Maschine für Ethereum kostet Aufwand, der in sogenannten Gas-Einheiten gemessen wird.

[24]Ein GWEI ist die kleinste Geldeinheit einer Ethereum-Coin, d. h. 1 Ether = 1'000'000'000 GWEI.

bereitstellt – ist dem Smart Contract nicht möglich. Das liegt weniger an der grundsätzlichen technischen Machbarkeit als vielmehr am grundsätzlichen Aufbau von Blockchains. Ziel von Blockchains ist es ja, jede Transaktion in der Blockchain exakt nachverfolgen zu können und damit die Konsistenz innerhalb der Blockchain sicherzustellen. Würde nun auf externe Daten aus einem Smart Contract heraus zugegriffen, wäre diese Konsistenz nicht sichergestellt, da die Daten außerhalb der Blockchain modifiziert werden und damit einen Einfluss auf das Geschehen in der Blockchain bekommen.

Sogenannte „Oracles" bieten einen Lösungsansatz, um dennoch mit Daten ausserhalb der Blockchain zu interagieren. Zentrale Idee dabei ist, dass von einem Smart Contract eine Anfrage an einen speziellen Oracle-Contract gesendet wird. Dieser Oracle-Contract stellt die erforderlichen Daten aus einer externen Umgebung bereit und leitet sie an den aufrufenden Smart Contract weiter. Die Umsetzung des Oracle-Contracts kann in zwei grundlegenden Arten erfolgen:

a. als reiner Datenspeicher für externe Daten, die auf Anfrage ausgeliefert werden
b. in Form einer Schnittstelle zu einer externen Applikation, die interaktive Anfragen auf externe Datenquellen erlaubt.

Im ersten Fall speist eine externe Applikation den Oracle-Contract mit den erforderlichen Daten (Abb. 4.5). Ein Beispiel wäre ein Oracle-Contract für eine Universität, der die Daten der von der Universität ausgegebenen Zeugnisse bestätigt. Aus dem Universitätsverwaltungssystem werden beispielsweise signierte Hashes

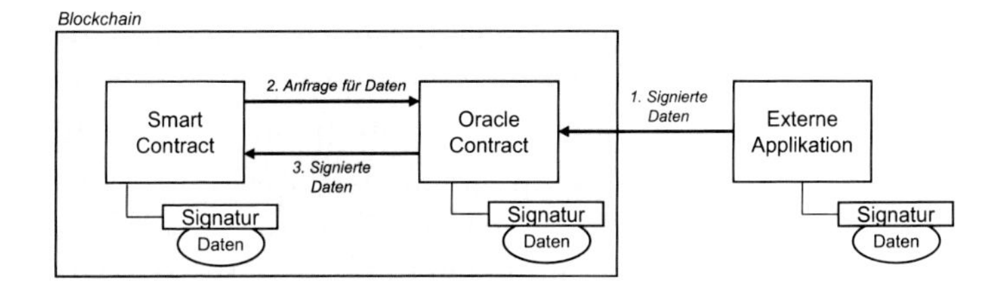

Abb. 4.5 Oracle Contracts als Datenspeicher

der ausgegebenen Zeugnisse an den Oracle-Contract gesendet, der diese in der Blockchain speichert. Möchte ein Smart Contract die Gültigkeit eines Zeugnisses überprüfen, sendet er einen Hash-Wert der Daten an den Oracle-Contract der Universität, der anhand der bei ihm hinterlegten Hash-Werte eine solche Bestätigung ausstellen kann. Durch die Signatur kann überprüft werden, ob der Hash-Wert tatsächlich von der Universität stammt.

Im zweiten Fall (Abb. 4.6) wird der Oracle-Contract permanent von einer Applikation ausserhalb der Blockchain überwacht, die speziell für den Oracle-Contract konzipiert wurde. Erhält der Oracle-Contract eine Anfrage für externe Daten von einem Smart Contract, generiert er ein entsprechendes Ereignis, das von der externen Applikation interpretiert werden kann. Das Oracle entnimmt aus diesem Ereignis die Information, welche Datenquelle abgefragt werden soll, und stellt die Anfrage an die Datenquelle über ein sogenanntes Attestation- oder Notarization-Service. Dieses nimmt die tatsächliche Anfrage vor und versieht die Ergebnisse mit seiner digitalen Signatur. Die so signierten Daten werden an den Oracle-Contract weitergeleitet, der sie wiederum dem ihn aufrufenden Smart Contract übergibt. Der Smart Contract kann anhand der Signatur feststellen, dass das Attestation-Service für die korrekte Anfrage der Daten bürgt. Da die Daten auf diesem Wege in der Blockchain vorhanden sind, ist die Konsistenz und Nachvollziehbarkeit innerhalb der Blockchain gewährleistet.

Mit diesem Ansatz kann ein Smart Contract nicht nur interaktiv Daten von externen Services, wie z. B. Wetterdaten, Finanzdaten oder den Zustand von Geräten – beispielsweise im Internet-of-Things-Kontext –, abfragen. Es ist damit auch möglich, aufwendige Berechnungen, die viele Ressourcen der Blockchain und damit hohe Kosten verursachen würden, an externe Services auszulagern.

Derartige Oracle-Ansätze werden zurzeit zum Beispiel von oraclize.it angeboten, die die vorgestellten Modelle und weitere unterstützen.

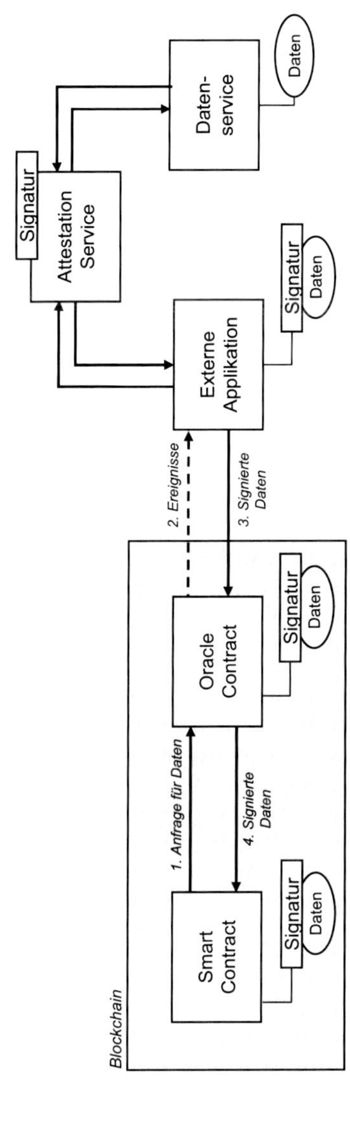

Abb. 4.6 Oracle Contracts zur interaktiven Abfrage von Daten

4.3.5 Tokens

Ein weiteres Anwendungsgebiet von Smart Contracts ist die Realisierung von sogenannten Tokens. Unter diesem Begriff versteht man eine Art digitale Werteinheit, die für verschiedenste Anwendungen eingesetzt werden kann. Man kann sich Tokens wie Coupons vorstellen, deren Menge begrenzt ist und die zwischen verschiedenen Parteien ausgetauscht werden können. Ein Hauptanwendungsgebiet sind Kryptowährungen, bei denen die Einheiten für einen bestimmten finanziellen Wert in einer eigens definierten Währung stehen, z. B. Bitcoins oder Ether – siehe dazu den Abschn. 4.1 über Kryptowährungen. Darüber hinaus können Tokens jedoch für viele weitere Arten von Werteinheiten herangezogen werden. Beispielsweise als Wertpapier, das materielle oder immaterielle Werte repräsentiert, wie z. B. Anteile an einem Unternehmen, Besitz an Immobilien oder ein Nutzungsrecht an einem elektronischen Dokument. Ebenso können durch Tokens Stimmen im E-Voting oder digitale Identitätsnachweise abgebildet werden.

Neben dem Ansatz, Tokens über eigene Ausprägungen von Blockchains zu realisieren, können Tokens vergleichsweise einfach durch Smart Contracts, z. B. auf der Ethereum-Plattform, erstellt werden. Das Grundprinzip dabei ist, dass anhand der bereits vorhandenen Möglichkeiten zur Identifikation von Teilnehmern der Blockchain, z. B. anhand ihrer öffentlichen Schlüssel bzw. der damit verbundenen Adressen, in einen Smart Contract aufgezeichnet wird, welche und wie viele Tokens diesem Schlüssel bzw. der Adresse zugeordnet werden.

In Abb. 4.7 sind diese Zusammenhänge grafisch dargestellt. Beispielsweise besitzt Katharina die Tokens BBCD1 und DFE76 und Christian das Token KKU23. Dies wird durch den Smart Contract abgebildet, der Auskunft über diese Besitzverhältnisse geben kann und die Daten zu den Tokens gespeichert hat. Möchte Katharina das Token DFE76 an Christian übertragen, erteilt sie dem Smart Contract den Auftrag zur Übertragung an

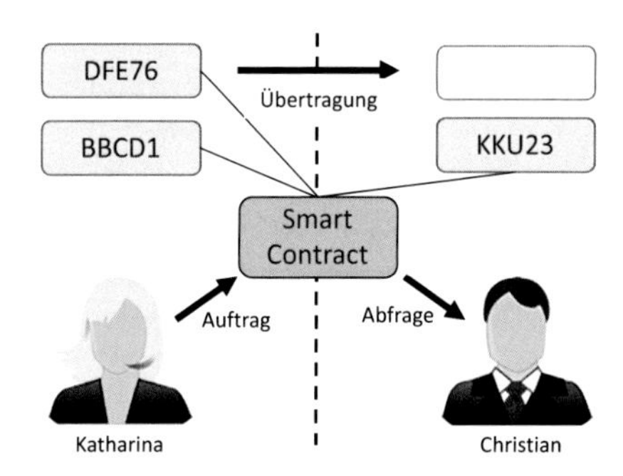

Abb. 4.7 Übertragung von Tokens über einen Smart Contract

Christian. Dies geschieht in Ethereum anhand der Adressen der Accounts der beiden Akteure. Der Smart Contract weist intern das Token daraufhin der Adresse von Christian zu und Christian kann die Übertragung nachvollziehen, indem er den Smart Contract auf seinen Stand an Tokens abfragt. Durch die Signierung aller Transaktionen können nur die Besitzer der jeweiligen Accounts und damit die Besitzer der Tokens den Smart Contract zur Übertragung veranlassen.

Für die leichtere Realisierung und die Kompatibilität von Tokens hat sich für Ethereum ein Standard herausgebildet, der definiert, welche Funktionen ein Smart Contract zur Verwaltung von Tokens anbieten muss. Dieser läuft unter der Bezeichnung ERC-20, die als EIP-20 (Ethereum Improvement Proposal)[25] zur Standardisierung vorgeschlagen wurde. Diese wurde seit der ersten Vorstellung durch weitere konkrete Implementierungen verfeinert, unter anderem um diverse Sicherheitslücken zu vermeiden, die in der Vergangenheit zur unberechtigten Entnahme von Tokens geführt haben. Die folgende Tab. 4.4 listet die Funktionen, Parameter und Rückgabewerte auf, die der ERC-20-Standard für die Implementierung von Tokens in Smart Contracts auf Ethereum festlegt. Danach folgt eine Tabelle mit Ereignissen, die zwingend bei bestimmten Funktionsaufrufen ausgelöst werden müssen.

[25]für Details siehe https://eips.ethereum.org/EIPS/eip-20.

Tab. 4.4 Funktionen und Parameter des ERC-20-Standards

Funktionsname und Parameter	Rückgabewert	Erläuterung
name ()	string *name*	Optional: Liefert den Namen des Tokens
symbol ()	string *symbol*	Optional: Liefert die symbolische Bezeichnung des Tokens
decimals ()	uint8 *decimals*	Optional: Liefert die Anzahl der Dezimalstellen, die das Token aufweist
totalSupply ()	uint256 *totalSupply*	Liefert die Gesamtanzahl an Tokens
balanceOf (address *owner*)	uint256 *balance*	Liefert die Anzahl an Tokens, die dem durch die Adresse *owner* bezeichneten Besitzer entspricht
transfer (address *to,* uint256 *value*)	bool *success*	Überträgt die durch *value* angegebene Anzahl an Tokens an die Adresse *to* und liefert einen booleschen Wert um den Erfolg festzustellen. Diese Funktion muss ein Transfer-Ereignis auslösen (siehe unten)
transferFrom (address *from,* address *to,* uint256 *value*)	bool *success*	Diese Funktion wird im Rahmen der Delegation eines Transfers von Tokens im Umfang von *value* von einer Adresse *from* an eine andere Adresse *to* eingesetzt. Nachdem mit der nachfolgenden approve-Funktion die Übertragung von Tokens an einen anderen Smart Contract delegiert wurde, kann dieser mit transferFrom die Übertragung der Tokens an eine beliebige Adresse vornehmen

(Fortsetzung)

Tab. 4.4 (Fortsetzung)

Funktionsname und Parameter	Rückgabewert	Erläuterung
approve (address *spender,* uint256 *value*)	bool *success*	Delegiert an die Adresse *spender* die Möglichkeit, Tokens im Umfang von *value* mit der Funktion transfer-From an andere Adressen zu übertragen. Diese Funktion muss das Ereignis Approval liefern (siehe unten)
allowance (address *owner,* address *spender*)	uint256 *remaining*	Liefert die Menge an Tokens, die die Adresse *spender* noch von der Adresse *owner* abrufen kann

Die folgenden Funktionen werden genutzt, um Ereignisse auszulösen (vgl. Tab. 4.5), die von Clients, die die Ethereum-Blockchain beobachten, konsumiert werden können.

Tab. 4.5 Ereignisse des ERC-20-Standards

Mastering Bitcoin	Mastering Bitcoin	Mastering Bitcoin
Transfer (address indexed *from,* address indexed *to,* uint256 *value*)	event Transfer	Das Transfer-Ereignis muss immer bei einem erfolgreichen Transfer von Tokens ausgelöst werden
Approval (address indexed *owner,* address indexed *spender,* uint256 *value*)	event Approval	Das Approval-Ereignis muss immer bei einem erfolgreichen Aufruf der approve-Funktion ausgelöst werden

4.3.6 Ausblick und Limitationen

Smart Contracts bieten ein großes Potenzial zur dezentralisierten und transparenten Ausführung von Algorithmen mit Hilfe von Blockchains. Auch wenn der aktuelle Entwicklungsstand noch einige Limitationen aufweist – wie z. B. die Notwendigkeit eines exakten Designs und eines umfangreichen Wissens über die technischen Grundlagen und möglichen Sicherheitsrisiken –, ist zu erwarten, dass die kommenden Entwicklungen sowohl die Performance als auch die praktische Nutzbarkeit von Smart Contracts kontinuierlich verbessern werden (Härer und Fill 2019b). Damit wird die Einbindung in Geschäftsprozesse und die Nutzung als Dienst für vertrauenswürdige Anbindungen möglich vgl. (Härer 2018; Härer und Fill 2019a). Die Transparenz von Smart Contracts gewährleistet dabei einen direkten Einblick in ihre Abläufe, da die Korrektheit ihrer Ausführungen transparent nachvollziehbar sind. Somit können sie zur Ablöse von bisherigen, auf zentralen Datenspeichern basierenden Geschäftsmodellen führen.

Im Folgenden sind die wichtigsten Unterschiede zwischen traditionellen Web-Plattformen, die von einem Anbieter betrieben werden, und dezentralen Applikationen in Form von Smart Contracts – auch unter „Decentralized Web" bekannt – gegenübergestellt (Tab. 4.6). Neben der Transparenz der Funktionsweise für Nutzer, die bei dezentralen Applikationen vollständig gegeben ist und bei traditionellen Web-Plattformen aufgrund der Wahrung von Geschäftsgeheimnissen typischerweise nicht möglich ist, werden bei dezentralen Applikationen die Daten verteilt abgelegt. Damit ergibt sich eine inhärente Resilienz von dezentralen Applikationen, d. h. eine Widerstandsfähigkeit beim Ausfall einzelner Knoten oder Teile des Systems.

Die Reaktion auf Sicherheitsprobleme erfolgt bei traditionellen Web-Plattformen zentral durch den Plattformbetreiber. Bei dezentralen Applikationen muss auf die Reaktion des Applikationsentwicklers und/oder der Community vertraut werden. Kommt es dabei zu grundlegenden Änderungen an der Funktionsweise der Software, muss im Falle von dezentralen Applikationen darauf vertraut werden, dass die Applikationsentwickler und die Entwickler-Community der

Tab. 4.6 Vergleich von traditionellen Web-Plattformen und dezentralen Applikationen

	Traditionelle Web-Plattformen	Dezentrale Applikationen/ Decentralized Web
Transparenz der Funktionsweise für Nutzer	Nicht gegeben	Transparent für Nutzer
Datenarchitektur	Zentralisierte Datenhaltung durch die Plattform	Verteilte Datenhaltung
Resilienz	Abhängig von der Plattform	Inhärent durch Peer-to-Peer Ansatz
Reaktion auf Sicherheitsprobleme	Zentralisiert durch Plattformbetreiber	Abhängig von Applikationsentwicklern und/oder der Entwickler-Community
Abwärtskompatibilität bei Versionsänderung	Abhängig von Plattformbetreiber	Abhängig von Applikationsentwickler und der Entwickler-Community
Verarbeitungs-geschwindigkeit	Beliebig skalierbar	Bei öffentlichen Blockchains derzeit noch gering
Anbindung an externe Dienste	Abhängig von der Plattform	Umsetzung mit Oracles

Blockchain-Infrastruktur die Abwärtskompatibilität zu vorigen Versionen sicherstellen. Man ist somit von mehr als einem Akteur abhängig.

Im Falle von traditionellen Web-Plattformen sind die Betreiber dieser Plattformen aufgrund der Netzwerkeffekte meist stark daran interessiert, die Kompatibilität sicherzustellen bzw. Verfahren zur Übertragung von Daten auf neue Versionen zu gewährleisten. Bei dezentralen Applikationen kann dies derzeit nicht garantiert werden. Obwohl bei ihnen die Verarbeitungsgeschwindigkeit aufgrund der dezentralen Ausführung und der dafür erforderlichen Sicherheitsmechanismen aktuell noch gering ist und bei traditionellen Web-Plattformen praktisch beliebig skaliert werden kann, sind hier Fortschritte zur rascheren Ausführung zu erwarten. Wie oben gezeigt, erlauben dezentrale Applikationen die Anbindung an externe Dienste mit

Hilfe von Oracles, bei traditionellen Web-Plattformen ist dies von der Ausgestaltung der jeweiligen Plattform abhängig.

Zusammenfassend kann festgestellt werden, dass dezentrale Applikationen Vorteile bezüglich der Transparenz für Nutzer und Anbieter aufweisen. Damit einhergehend sind jedoch Änderungen bei Geschäftsmodellen erforderlich, die unter anderem nicht mehr auf das Verbergen der Funktionsweise von Algorithmen bauen können. Die höhere Resilienz im Sinne von Ausfallssicherheit muss gegenüber den Nachteilen bei der Reaktion auf Sicherheitsprobleme und möglichen Versionsänderungen, die zu Inkompatibilitäten und im schlechtesten Fall zum kompletten Ausfall bisheriger dezentraler Applikationen führen können, abgewogen werden. Abhilfe schaffen könnten hier in Zukunft von Unternehmen, Verbänden oder Regierungen betriebene Blockchain-Infrastrukturen, die in gewissem Rahmen Kompatibilitäts- und Updategarantien bei gleichzeitiger Beibehaltung der Transparenzeigenschaften abgeben könnten.

Ein aktuelles Beispiel ist die von Facebook initiierte Kryptowährung Libra, die von einem Konsortium betrieben wird und ebenso die Ausführung von Smart Contracts erlaubt. Aktuelle Nachteile bei der Verarbeitungsgeschwindigkeit fallen zwar momentan noch sehr für den realen Einsatz von bestimmten dezentralen Applikationen ins Gewicht. Es existieren jedoch zahlreiche Anwendungsfälle, die nicht die für traditionelle Web-Plattformen verfügbaren Leistungen benötigen. Zudem ist vorstellbar und bereits anhand von kürzlich beschriebenen Vorschlägen zur Weiterentwicklung der Blockchain-Infrastruktur konkretisiert – siehe zum Beispiel die Ansätze in Ethereum 2.0 zu Shard- und Beacon-Chains –, dass zukünftige Versionen von Blockchains diesbezüglich aufholen werden.

4.4 Smart Grids

Bernd Teufel, Anton Sentic und Tim Niemer

Mit der verstärkten Nutzung erneuerbarer Energie unterläuft der Strommarkt eine massive Transformation, die sich nicht nur mit dem Begriff Dezentralisierung beschreiben lässt. Vielmehr ist diese Transformation gekennzeichnet durch ein vielschichtiges Wechselspiel bestehender und neuer Technologien aus dem Energiebereich, der Automatisierungstechnik, der Informations- und Kommunikationstechnik sowie bestehender und neuer Akteure. Die Blockchain-Technologie hat das Potenzial, die Dynamik dieser Transformation zu intensivieren.

4.4.1 Das Stromnetz

Die Stromerzeugung begann im neunzehnten Jahrhundert, als die ersten Stromerzeugungsanlagen errichtet wurden. Strom war nur lokal in kleinen, dezentralen Netzen verfügbar. Die weitere Entwicklung brachte im 20. Jahrhundert große Verteilnetze und große zentrale Kraftwerke mit sich. Der Sammelbegriff Stromnetz bezeichnet ein elektrisches Netzwerk bestehend aus elektrischen Leitungen, Schaltwerken und Transformatoren sowie den angeschlossenen Erzeugern und Verbrauchern.

Das Merkmal dieser klassischen komplexen Systeme ist der unidirektionale Energiefluss über große Distanzen. Zur Verringerung der Verluste erfolgt der Transport auf unterschiedlichen Spannungsebenen. In der DACH-Region[26] beispielsweise liegt folgende Struktur vor: Das Übertragungsnetz (Höchstspannung 380/220 kV), überregionale Verteilnetze (Hochspannung 110 kV), regionale Verteilnetze (Mittelspannung 10–30 kV) sowie lokale Verteilnetze (Niederspannung 0,4 kV). Diese Netzebenen sind durch drei Transformationsebenen verbunden (vgl. Abb. 4.8).

Das System ist darauf ausgelegt, elektrische Energie zuverlässig und wirtschaftlich zu transportieren und damit die Versorgungssicherheit zu gewährleisten. Die ständige technologische Weiterentwicklung ermöglicht die heute selbstverständlich gewordene hohe Zuverlässigkeit. Bei allem technischen

---

[26]DACH ist eine oft gebrauchte Abkürzung für Deutschland (D), Österreich (A) und die Schweiz (CH).

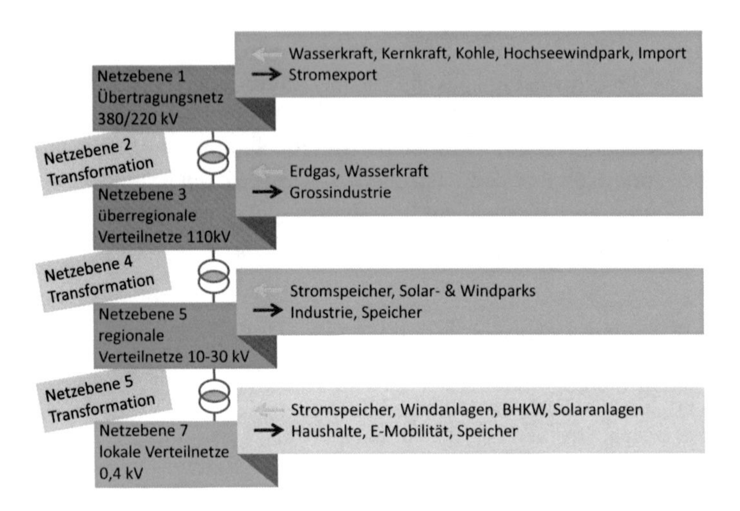

Abb. 4.8 Netzebenen und Stromfluss nach VKU 2015

Fortschritt im klassischen Stromnetz bleibt jedoch das physikalische Prinzip der Balance zwischen Verbrauch und Produktion erhalten, da das Stromnetz so gut wie keine strukturelle Möglichkeit zur Energiespeicherung bietet (Monti und Ponci 2015). Dies ist eine ständige Herausforderung für die Netzbetreiber. Auch in Zukunft bleibt das Prinzip der Balance bestehen, jedoch können intelligente Steuersysteme zusammen mit effizienten Speichertechniken die Bereitstellung von Regelenergie und netzstabilisierende Maßnahmen unterstützen.

Im Hinblick auf die zukünftigen nationalen und globalen Herausforderungen des 21. Jahrhunderts ist eine Transformation der aktuellen Stromnetze abzusehen, wobei jedoch unterschiedliche Ausgangszustände als möglich erachtet werden (Hojčková et al. 2018): ein supra-nationales oder sogar globales Supernetz (Supergrid), welches große, zentralisierte Energieerzeuger mit großflächigen Transportnetzen koppelt; ein dezentralisiertes, prosumentenorientiertes Off-Grid-Netzwerk, bei welchem Energietransfers nur lokal oder gar nicht stattfinden, da die Prosumenten als Selbstversorger agieren sowie ein dezentralisiertes, lokal und regional verbundenes Smart-Grid-System, bei dem

Prosumenten mit Hilfe von innovativen Kommunikations-, Energiespeicher- und Energiezählertechnologien Energie lokal generieren und basierend auf Bedarfsprognosen transportieren.

Smart Grid

Die internationalen Bestrebungen in Sachen Klimawandel und Reduktion von CO2-Emissionen, Katastrophen wie Fukushima und ein damit einhergehendes neues Bewusstsein für Umwelt und nachhaltigen Ressourceneinsatz in der breiten Bevölkerung, aber auch für jedermann verfügbare innovative Technologien zur Energieerzeugung und Speicherung, haben massive Auswirkungen auf das Energiesystem. Erneuerbare Energieträger werden verstärkt integriert und Maßnahmen zur Steigerung der Effizienz und zur Reduktion des Verbrauchs (Stichwort Demand Response) finden vermehrt Akzeptanz und gelten als Schlüssel für die sogenannte Energiewende. Dies bedeutet eine gravierende Dezentralisierung sowie einen massiven Einsatz von Sensoren unter Nutzung von Informations- und Kommunikationstechnologien; dies resultiert im sogenannten Smart Grid.

In Anlehnung an Gharavi und Ghafurian (2011) wird ein Smart Grid definiert als ein elektrisches System, welches Informationen, bidirektionale und cybersichere Kommunikationstechnologien sowie intelligente Software-Applikationen über das gesamte Spektrum des Energiesystems in integraler Weise nutzt – von der Erzeugung über die Speicherung bis zu den Endpunkten des Stromverbrauchs. Durch diese Entwicklung werden die bisher starren Wertschöpfungsstrukturen in dynamische Wertschöpfungsnetzwerke überführt – es findet ein Paradigmenwechsel in der Energieversorgung von „To-You“ zu „With-You“ (Teufel und Teufel 2014) statt. Dabei ist es bedeutend zu verstehen, dass der Übergang vom konventionellen Stromnetz zum Smart Grid nicht nur eine technologische Innovation ist, sondern einhergeht mit einem organisatorisch-politischen, sozioökonomischen Wandel.

Digitalisierung und Liberalisierung verändern das sozio-technische System „Strommarkt“ und bringen zahlreiche neue Transaktionen (nicht nur im ökonomischen Sinne, sondern auch

Ereignisse, Steuersignale, allgemein digitale Datensätze) unter den Akteuren und den Subsystemen mit sich. Voraussetzung ist freilich die sichere, effiziente und nachvollziehbare Durchführung dieser Transaktionen. Die Blockchain-Technologie kann dazu maßgeblich beitragen. Anwendungsszenarien sind u. a.

- die Bereitstellung von Regelenergie und netzstabilisierende Maßnahmen;
- Stromhandel auf Makro- und Mesoebene sowie Nachbarschafts- und Mieterstrommodelle;
- Zertifizierung und Herkunftsnachweis für regenerative Energiequellen (Art, Ort und Zeit der Energieerzeugung);
- Steuerung des Energieverbrauchsverhaltens vernetzter intelligenter Geräte (Internet of Things) in Echtzeit (Laststeuerung);
- Automatisierung des Abrechnungsprozesses, inklusive Abführung und/oder Vergütung von Umlagen, Gebühren etc., auch Sektor übergreifend;
- Asset-Management bei Verteilnetzbetreibern und Versorgungsunternehmen.

Die Blockchain-Technologie bedeutet verteilte Konsensbildung direkt zwischen den Akteuren (ohne zusätzliche Intermediäre) und die Abbildung von Werten und Rechten (Transparenz von Herkunft und Besitz). Sie ermöglicht Smart Contracts, z. B. für Kooperation und Leistungsabrechnung autonomer Systeme, und steht für Nachvollziehbarkeit und Irreversibilität (Prinz und Schulte 2017). Diese Disposition ist die perfekte, zielführende Basis für das Zusammenspiel der unterschiedlichen Akteure im organisatorisch wie räumlich dezentralisierten Strommarkt.

Dezentrale Energieerzeugung: Prosumenten und Crowd Energy

Für jedermann verfügbare Technologien, wie Photovoltaik-Anlagen und Heim-Energiespeicher, sind die offensichtlichen Merkmale der Dezentralisierung im Energiebereich. Der Verbraucher elektrischer Energie ist nicht mehr nur von einem Energieversorgungsunternehmen abhängig, sondern kann auch selbst als Energieerzeuger sowie ggfs. als Anbieter von Speicherkapazität auftreten. Das damit verbundene Konzept des Energieprosumenten wird bei der Weiterentwicklung von Energiesystemen bezüglich Dezentralisierung und Heterogenität, aber auch Stabilität und Sicherheit, eine wichtige Rolle spielen (Hojčková et al. 2018).

Ein Prosument (engl. Prosumer) ist ein Akteur, der seine eigene Energie produziert (Producer), speichert und verbraucht (Consumer). Dies bedeutet nicht unbedingt, dass der Prosument autark ist. Er ist weiterhin in das Stromnetz integriert und kann so ein Energiedefizit aus dem Netz ausgleichen und umgekehrt einen Überschuss an selbst produzierter Energie in das Netz abgeben. Die Stärke des Konzepts wird besonders deutlich, wenn sich einzelne Prosumenten zu Prosumenten-Gemeinschaften, d. h. zu einer Crowd zusammenschließen. Crowd Energy bezeichnet die Kooperation von Prosumenten und die Bündelung ihrer Ressourcen mit Hilfe von Informations- und Kommunikationstechnologie (Teufel und Teufel 2014).

Prosumenten in einer Crowd verbrauchen ihre erzeugte Energie primär selbst und sind Akteure im Energie-Mikrohandel, indem sie überschüssig produzierte, aber auch zusätzlich benötigte Energie mit anderen Prosumenten der Crowd handeln; sie sind damit idealtypisch für Blockchain-Applikationen bzw. Plattformen (vgl. Abb. 4.9). Anzumerken ist, dass der Energieaustausch in solchen Kooperationen nicht unbedingt streng auf monetären Ansätzen basiert. Vielmehr zeigt sich, dass verantwortungsvolles Handeln in der Gemeinschaft im Sinne von Effizienz und Versorgungssicherheit wichtige Merkmale sind.

Das von Teufel und Teufel (2014) vorgestellte Konzept kann auch als „Dezentrale Autonome Organisation" interpretiert werden: Ein dezentrales Netzwerk von autonomen Agenten, welchem eine ergebnisoptimale Funktionsweise zugrunde liegt (Duivestein et al. 2015). Dies bedeutet, dass z. B. PV-Anlagen und Speicher direkt (Peer-to-Peer) Energietransaktionen mit im Netz vorhandenen Verbrauchern (z. B. Ladestationen für E-Mobilität) durchführen.

Für Crowd-Systeme, egal welcher Ausprägung, ist die Blockchain-Technologie die ideale Basis: Smart Contracts, Nachverfolgbarkeit und Eigentumsnachweis (Provenance), Identitätsmanagement (Prosumenten und Maschinen), kleinvolumige

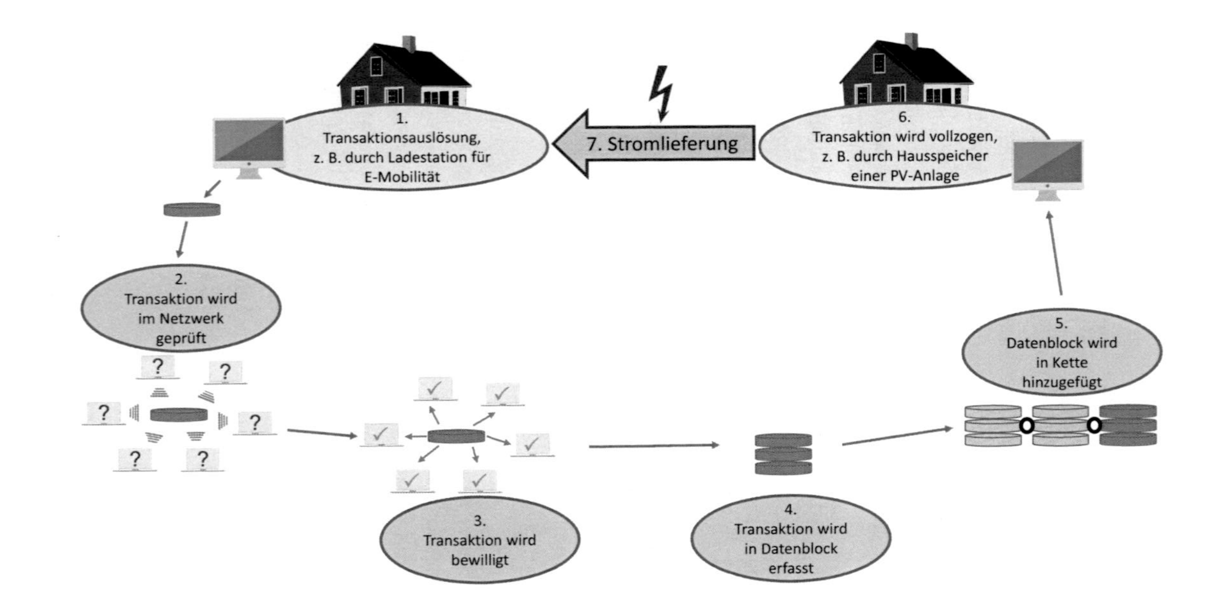

Abb. 4.9 Prinzipielle Funktionsweise von Blockchain für Crowd-Systeme nach Zehnder (2017)

Transaktionen. Die prinzipielle Funktionsweise für eine Blockchain-Plattform in einem Crowd-System ist in Abb. 4.9 dargestellt.

4.4.2 Einführung von Blockchain im Energiebereich

Es ist zu erwarten, dass eine breitere Einführung von Blockchain bzw. verwandten Technologien primär im Rahmen einer Transformation des heutigen Energiesystems passieren wird, von den drei im ersten Abschn. 4.3.1 angesprochenen Zukunftsszenarien ist dies primär bei einer Transformation mit dem Ziel eines Smart-Grid-Systems denkbar. Diese Transformation kann sowohl im lokalen Kontext als auch auf breiterer Ebene (national, transnational) stattfinden, erste Experimente werden jedoch primär im lokalen Kontext erfolgen (Mengelkamp et al. 2018). Einige dieser Experimente sind bereits gestartet, eine genauere Übersicht dieser erfolgt im nächsten Abschn. 4.4.3.

Im Kontext des Energiesystems können Blockchain-Technologien als innovative Newcomer angesehen werden, deren Markteinführung und breitere Diffusion durch die gegenwärtige Konfiguration des Energiesystems beeinflusst wird; insbesondere durch Barrieren (Smith und Raven 2012), welche durch das System selbst sowie durch dominante Systemakteure (Energieunternehmen, Netzbetreiber, politische Akteure) generiert werden. Diese Barrieren werden in Form von etablierten Industriestrukturen, dominanten Technologien und Infrastrukturen, der existierenden Wissensbasis, öffentlicher Politik sowie der Anwendung politischer Macht, Märkten und Nutzerverhalten sowie der kulturellen Bedeutung existierender Systeme manifestiert. In Folge werden die Barrieren aus dem Blickwinkel von Blockchain-Energiesystementwicklern näher diskutiert sowie mögliche Ansätze zu ihrer Überwindung vorgestellt.

Etablierte Industriestrukturen sowie dominante Technologien und Infrastrukturen des Energiesystems sind gegenwärtig auf ein zentralisiertes bzw. teilzentralisiertes System mit einigen wenigen dominanten Akteuren ausgelegt (Beispiele wären die sogenannten „Big Six" Energieversorger in Großbritannien bzw. die „Big Four" in Deutschland), welches einen Mix aus fossilen und nicht-fossilen Brennstoffen für die Energieerzeugung verwendet (Geels 2014). Das Übertragungsnetz ist darauf ausgelegt, Energie von einer kleineren Anzahl mittelgroßer bis großer Kraftwerke mittels überregionaler, regionaler und lokaler Netze (siehe Abschn. 4.4.1) zu den Endkunden zu übertragen. Diese Konfiguration stellt eine Herausforderung für Entwickler von Smart- bzw. Microgrids dar, da die notwendigen unterstützenden Industriestrukturen erst aufgebaut werden müssen.

Eine Möglichkeit für obige Perspektive wäre der Einstieg neuer Akteure in den Energiemarkt, welche über das notwendige Know-how für Blockchain-basierte Energiesysteme verfügen und in unterstützende Strukturen außerhalb des Energiemarktes eingebunden sind – zum Beispiel IT-Unternehmen bzw. IT-Service Provider (Erlinghagen und Markard 2012). Neue Akteure können in Form von Grassroots- bzw. bürgerorientierten Organisationen entstehen, welche zum Beispiel im Rahmen von Smart-City-Projekten (vgl. Abschn. 4.6) gegründet werden. Im Rahmen der Energiewende bzw. einer Transition hin zu dezentraler Energieproduktion wurde eine Mehrzahl an vielversprechenden Technologien entwickelt, wovon sich die meisten jedoch noch in einem frühen Entwicklungsstadium befinden und im Rahmen von Experimenten und Pilotprojekten getestet werden.

Die angesprochenen Experimente erweitern beständig die existierende Wissensbasis über die Nutzung von Blockchain-Technologien, wobei das Wissen in zentralen Netzwerken, wie z. B. der Global Smart Grid Federation (GSGF) bzw. dem International Smart Grid Action Network (ISGAN), gesammelt und übertragen wird (Hojčková et al. 2018), wodurch die Barriere „Wissensbasis" als weniger relevant angesehen werden kann. Jedoch ist zu betonen, dass viele Pilotprojekte nach wie vor von staatlichen Förderprogrammen abhängen und eine Kürzung beziehungsweise Streichung solcher Förderungen weitere Experimentiertätigkeiten im besten Fall stark behindern würden.

Öffentliche Politik sowie die Ausübung politischer Macht, vor allem durch systemimmanente Akteure (Geels 2014), können die Einführung von Blockchain-Technologien sowohl unterstützen als auch behindern. Kontextbedingte Unterstützung durch lokale Politik ist ein wichtiger Faktor für die Einführung erfolgreicher Pilotprojekte – ein Beispiel dafür ist das Brooklyn Microgrid, welches im Rahmen von kommunalen Programmen unterstützt wurde. Dieses Microgrid wurde von der New Yorker Stadtverwaltung ins Leben gerufen, um das von extremen Wetterereignissen, wie z. B. dem Hurrikan „Sandy", bedrohte Energieversorgungsnetz der Stadt resilienter zu machen (Mengelkamp et al. 2018). Andererseits kann eine antagonistische Politik verbunden mit Resistenz vonseiten etablierter Akteure die Diffusion innovativer, nachhaltiger Technologien verlangsamen, wie z. B. die Änderungen des Feed-In-Tarifs im britischen Energiemarkt folgend einem Regierungswechsel im Jahr 2010 (Geels 2014).

Während die fortschreitende Liberalisierung der Energiemärkte grundsätzlich als positiv für die Implementierung von Blockchain-basierten Energiesystemen angesehen werden kann, sind diese aber auch von Kommunikations- bzw. IT-Systemen sowie deren Vernetzung mit den Energiesystemen abhängig. Diese Vernetzung sowie die Entwicklung von gemeinsamen Standards müsste primär auf regionaler und überregionaler Ebene stattfinden (Hojčková et al. 2018). Bezogen auf das Nutzerverhalten wurden in ersten Experimenten in industrialisierten Ländern primär bereits existierende Prosumenten bzw. „Early Adopters" eingebunden (Mengelkamp et al. 2018), während laufende Projekte in Entwicklungsländern oft auf Nutzer abzielen, die vor dem Start der Projekte keinen Zugang zum Stromnetz hatten.

Eine weitere nutzerbezogene Barriere könnte die Anforderung der Nutzer-Proaktivität sein, da in den meisten Blockchain-basierten Projekten Teilnehmer nicht nur als passive Konsumenten fungieren, sondern ein gewisser Einsatz, zum Bespiel beim Energiehandel, erforderlich ist. Auch wird die Komplexität eines Prosumenten-basierten Energiemarkts im Vergleich zu konventionellen Energiemärkten erhöht (Parag und Sovacool 2016). Eine mögliche Lösung dieser Herausforderung könnte die Teil- oder Vollautomatisierung der Nutzer-System-Schnittstellen (Apps, Steuergeräte) oder die Auslagerung der Aktivitäten an Dritte (Dienstleister, Energieunternehmen) sein. Zusätzlich müssten existierende Marktmechanismen modifiziert sowie neue Marktmechanismen eingeführt werden.

Bezogen auf die kulturelle Bedeutung des Energiesystems lassen sich keine eindeutigen Barrieren feststellen. Die gesamtgesellschaftliche Einstellung zum Energiesystem kann mit dem Konzept des Energietrilemmas dargestellt werden – die Energieversorgung soll sicher, kostengünstig und so weit wie möglich umweltfreundlich sein. Es kann davon ausgegangen werden, dass die erhöhte Resilienz von Blockchain-basierten Systemen aus der Perspektive der Energiesicherheit als positiv bewertet wird, jedoch kann die notwendige erhöhte IT-Integration gleichzeitig als Risikofaktor wahrgenommen werden. Die Anforderung der Umweltfreundlichkeit würde durch den vermehrten Einsatz von nachhaltigen Energiequellen erfüllt werden. Während die Anforderung der Kostengünstigkeit in den frühen Implementierungsphasen aufgrund fehlender Skaleneffekte nur schwer erfüllt werden kann, würde sie in weiterer Folge primär von der Organisations- und Geschäftsmodellform der Blockchain-Systeme abhängen (Parag und Sovacool 2016).

4.4.3 Überblick Blockchain-Projekte im Microgrid-Bereich

Insgesamt laufen im Microgrid-Bereich derzeit (2018) über 56 verschiedene Projekte mit dem Fokus auf Blockchain-Technologie, von Start-Ups bis hin zu Neugründungen von Kooperationen sowie Kooperationen mit Global Playern wie Vattenfall, Siemens oder Bosch (von Perfall und Utescher-Dabitz 2018). Bei allen Projekten in diesem Bereich stehen selbst nach erfolgreicher Testphase noch viele Hürden auf dem Weg zur tatsächlichen und flächendeckenden Anwendung. Neben den (noch) teils hohen Kosten für Equipment und Installation war es bisher keinem Land möglich, die rechtlichen Rahmenbedingungen zum Einsatz von Blockchain-Technologie abschließend zu definieren (Hein et al. 2019).

Im Jahr 2015 wurde das Brooklyn Microgrid Projekt ins Leben gerufen. Hier wurde im April 2016 die weltweit erste Blockchain-gestützte Energietransaktion durchgeführt (Typ: private Blockchain). Das Technologieunternehmen Lo3 Energy betreibt ein Netzwerk mit ca. 200 Teilnehmern bestehend aus Energie-Prosumenten und reinen Konsumenten. In diesem Netzwerk können Prosumenten via App entscheiden, wie viel Energie sie bereitstellen möchten; Konsumenten, wie viel lokal erzeugte Energie sie nutzen wollen und per Auktion, wie viel sie dafür bereit sind zu bezahlen. Haben Käufer und Verkäufer zueinandergefunden, werden Transaktionen mittels Token auf ERC20-Standard (Ethereum 2018) vollzogen. Der ERC20-Standard erlaubt projektfremden Entwicklern, Funktionen auf Basis dieser Token voranzutreiben. So wäre eine leichte Einbindung von Smart-Home-Technologie, Erweiterungen der App zum Steuern der Transaktionen durch Dritte oder langfristig der Zusammenschluss mit ähnlichen Projekten denkbar. Die ersten Erfolge lassen ein rapides Wachstum der Teilnehmerzahlen und Funktionen erwarten. Schon heute beteiligt sich Lo3 nach eigenen Angaben an über 45 Projekten rund um die Themen Smart Grid resp. Smart Home auf der ganzen Welt, darunter an den Projekten Allgäu Microgrid und Landau Microgrid Project in Deutschland. Das derzeit neuste Projekt bringt Lo3 mit dem eMotorWerk im Bereich des Smart Charging von Elektrofahrzeugen zusammen (Exergy 2018).

Die folgende nicht abschließende Übersicht soll einen Überblick laufender Projekte vermitteln:

- LUtricity, Ludwigshafen: Gemeinsam mit PwC und EWF arbeiten die Technischen Werke Ludwigshafen an einem Feldversuch zur Erprobung von dezentralen Energienetzen mit Steuerung durch Smart Contracts auf Basis von Blockchain-Technologie (www.twl.de).
- NRGCoin, Brüssel: Die Vrije Universiteit Brüssel forscht gemeinsam mit Sensing & Control Systems S.L. an einer Blockchain-basierten Währung für Prosumenten, den NRGCoin. Jeder Coin hat den Gegenwert von 1 kWh, je nach Strombedarf steigt (fällt) der Preis für „grünen Strom". Ziel

des Projektes ist es mittels Smart Contracts die Balance zwischen Angebot und Nachfrage zu sichern, Anreize zum Kauf von lokal erzeugter Energie zu schaffen und Prosumenten unabhängiger von politischen Einflüssen auf die Strompreisgestaltung zu machen (Mihaylov et al. 2016).

- Discovergy, Aachen: Bisher ist Discovergy vor allem für Smart Meter bekannt, doch das Unternehmen arbeitet auch an Blockchain-basierten Lösungen, z. B. im Bereich Mieterstrom (https://discovergy.com/).
- ZF Car eWallet, Berlin: Gemeinsam mit IBM und UBS arbeitet das aus dem Technologiekonzern ZF ausgegliederte Start-up-Unternehmen an einer Blockchain-basierten Transaktionsplattform für Mobility Services. Unter anderem sollen Ladegebühren für Elektrofahrzeuge automatisch abgerechnet werden (https://car-ewallet.de/).
- BloGPV, Hannover: Das Forschungskonsortium BloGPV hat es sich zum Ziel gesetzt, kleinere Hausspeicheranlagen zu einem virtuellen Großspeicher als sicheren Blockchain-basierten Speicherverbund zusammenzuschließen (https://blogpv.net/).
- WanXiang, China: Der chinesische Autozulieferer hat eine 770 ha große Fläche in Hangzhou erworben, um mit seiner Tochterfirma Shanghai Wanxiang Blockchain Inc. eine Smart City als Testgelände für neue Technologien zu entwickeln (von Perfall und Utescher-Dabitz 2018).
- Sonnen, Deutschland: Die Sonnen GmbH aus dem Oberallgäu hat als Hersteller intelligenter Speicher eine Strom-Sharing-Plattform (sonnenCommunity) aufgebaut und ist dabei, auf der Basis der Blockchain-Technologie zusammen mit TenneT und IBM dezentrale Heimspeicher für Energiedienstleistungen (z. B. Redispatch-Massnahmen) zu integrieren (https://sonnen.de/).
- Quartierstrom, Walenstadt: Im Sinne des Crowd Energy Ansatzes soll Strom lokal produziert und genutzt werden. Blockchain-basierte Transaktionen sind die Basis (https://quartier-strom.ch/).

Goranovic et al. (2017) haben in ihrem Übersichtsartikel weitere Projekte aufgelistet und auch einen technischen Vergleich (Blockchain Typ, Konsensmechanismus, Open Source, etc.) aufgezeigt.

4.4.4 Chancen und Risiken

Die Blockchain-Technologie ist im Mainstream angekommen und weist durchaus einen disruptiven Charakter auf. Doch es bleibt die Frage, wie nachhaltig der Einfluss auf die verschiedenen Branchen sein wird. Schon im Aufrütteln des Finanzmarktes hat sich gezeigt, wie schwer die Einschätzung der Entwicklung ist und wie viele Hürden sich erst im Verlauf zeigen. Bisherige Pilotprojekte zeigen, dass der Einsatz von Blockchain-Technologie im Energiemarkt Sinn macht, insbesondere im Hinblick auf Prosumenten und Microgrid-Applikationen. Doch trotz aller Euphorie: Diese Technik löst alleine keines der bestehenden Probleme. Um Smart Grids betreiben zu können, bedarf es des kostenintensiven Umbaus von Infrastruktur, um beispielsweise Prosumenten einbinden zu können. Dies bedeutet den Aufbau eines Netzwerks mit Speicherstationen, Solar- oder Windkraftanlagen sowie Smart Metern, welche mit Zugang zu einem autarken Datennetzwerk ausgestattet sein müssen.

Neben technischen Herausforderungen, die es zu lösen gilt, stellen rechtlich-regulatorische Fragen die gegenwärtig größten Hemmnisse für Blockchain-Applikationen dar. Dies sind Fragen, die das Vertragsrecht, das Energierecht allgemein, aber auch Datenschutz resp. Datenhoheit betreffen (vgl. Kap. 5 über rechtliche Fragen). In Tab. 4.7 sind einige Vor- und Nachteile aufgezeigt.

Aus dieser nicht abschließenden Übersicht lässt sich ableiten, dass auf der Vorteilsseite berechtigte positive Eigenschaften für einen dezentralisierten Strommarkt zu finden sind. Als Risiko muss das gesamte Thema Cybersicherheit angeführt werden, aber auch die noch nicht angepasste rechtliche Situation. Energie- und Infrastrukturänderungskosten sind ebenfalls in die Risikobetrachtung mit einzubeziehen.

Tab. 4.7 Blockchain-Applikation mit Vor- und Nachteilen

Vorteile	Nachteile
• Die Unveränderlichkeit der Daten ist (weitgehend) gewährleistet • Integrität der Daten – diese sind bei allen Nodes im Netzwerk identisch • Identität – jeder Wert lässt sich einem Teilnehmer zuordnen • Keine Vermittler – dank Smart Contracts bedarf es keiner Intermediäre • Konnektivität – durch neue Standards zur Datenspeicherung ist es möglich, Funktionen verschiedenster Anbieter zu verbinden • Für Prosumenten ist diese Technik ein einfacher Zugang zum Energiemarkt • Analyse – Verbraucher können ihren Stromverbrauch leichter und qualitativ besser analysieren und bewerten • Der anhaltende Hype um Blockchain-Technologie fördert die Forschung im Bereich des dezentralen Energiemarktes	• Stromkosten – jede Transaktion verbraucht Rechenleistung und somit Energie • Haftungsfragen und Verbraucherrechte sind bis jetzt ungeklärt • Der Datenschutz, insbesondere im Rahmen der DSGVO, ist bis jetzt ungeklärt • Das klassische Energienetz wird um die „unsichere" Komponente IT erweitert (Stichwort Cybersicherheit) • Bei Attacken auf DNS-Server ist ggfs. der Zugriff auf die Nodes der Blockchain gestört • Kommen Angreifer in den Besitz von 51 % der Nodes einer Blockchain, können diese Änderungen vornehmen (51 %-Attacken) • Post-Quantum-Kryptografie wird in Blockchain Systemen bislang allenfalls aus Sicht der Forschung diskutiert • Kommt es zu einem Ausfall des Peer-to-Peer-Netzwerkes, ist die Versorgungssicherheit gefährdet

4.4.5 Ausblick

Bezogen auf die zukünftige Entwicklung von Energiesystemen können Blockchain-Technologien durchaus eine wichtige Rolle einnehmen, jedoch ist deren Bedeutung von der Entwicklungsrichtung der Energieindustrie und damit des Systems abhängig, welches zum jetzigen Zeitpunkt noch offen ist und unterschiedliche Endszenarien von zentralisierten „Supergrids" bis zu lokal-regionalen semiautonomen Netzen umfasst. Denkbar ist beispielsweise, dass bei zukünftigen Transformationen des Energiesystems externe Akteure, wie z. B. IT-Firmen und Service-Provider, führende Rollen einnehmen werden, womit ein Wissenstransfer zum Thema Blockchain-Technologien in den Energiesektor stattfinden würde (Erlinghagen und Markard 2012).

Erste Experimente und Pilotprojekte mit Blockchain-Technologie dienen sowohl als Testbett als auch als Arenen, in denen die Vorteile der Technologie in der Praxis bewiesen und Herausforderungen angesprochen werden können. Die Blockchain-Technologie hat das Potenzial im transformierten Strom- und Energiemarkt die Basis für progressive, leistungsstarke Applikationen und Plattformen darzustellen. Voraussetzung für einen Durchbruch sind allerdings Antworten auf Fragen im rechtlich-regulatorischen Bereich, wie auch bzgl. Cybersicherheit.

4.5 Digitale Stimmzettel

Elektronische Wahlen oder E-Voting ist ein weiteres Thema, bei dem sich eine Blockchain einsetzen lässt. Im Folgenden werden Anforderungen an ein elektronisches Wahlsystem erläutert, nämlich Gleichheit, Berechtigung, keine Wiederverwertung, Echtheit, Schutz der Privatsphäre, Gerechtigkeit und Verifizierbarkeit. Danach wird eine Klassifikation der auf Blockchain-Technologie basierenden E-Voting-Systeme vorgenommen, wie die Nutzung von Kryptowährungen, Smart Contracts oder die Blockchain als Ballot Box. Ein Protokoll für die Verwendung von blinden Signaturen soll im Detail aufzeigen, wie ein Protokoll für ein E-Voting-System auf Blockchain-Basis realisiert werden könnte. Zudem wird die Spannbreite zwischen anonymem Wahlverhalten (MyVote) und öffentlichem Abstimmungsverhalten (OurVote) aufgezeigt, um die Entwicklungsoptionen einer digitalen Gesellschaft für die Zukunft darzulegen. Eine Diskussion von Chancen und Risiken runden die Erläuterungen ab.

4.5.1 Anforderung an ein elektronisches Wahlsystem

Unter dem Begriff der politischen Partizipation werden verschiedene Formen der einflussnehmenden Beteiligung von

Bürgerinnen und Bürgern verstanden (Meier und Teran 2019). Dazu zählen Informationsaustausch und Kommunikation über Sachthemen und Programme, Gestaltung politischer Inhalte und Entscheidungsprozesse oder Beteiligung an Abstimmungen über Sachthemen sowie Mitwirkung an Wahlen für politische Mandatsträger.

Für die Nutzung eines elektronischen Wahlsystems resp. für E-Voting werden die folgenden Grundsätze immer wieder hervorgehoben (siehe Schweizerische ,Verordnung der Bundeskanzlei über die elektronische Stimmabgabe vom 13. Dezember 2013'; Hardwick et al. 2018 oder Delaune et al. 2010):

- Gleichheit (Equality): Eine Gewichtung der Stimmen ist nicht zulässig, d. h. es gilt Wahlgleichheit für Alle.
- Berechtigung (Eligibility): Nur stimmberechtige Personen können an elektronischen Wahlen teilnehmen.
- Keine Wiederverwertung (No Reusability): Wähler können nicht mehrfach ihre Stimme abgeben. Jeder berechtige Wähler hat genau eine Stimme (One Man One Vote).
- Echtheit (Authentifikation): Die Identität des Wählers lässt sich eindeutig überprüfen.
- Schutz der Privatsphäre (Privacy): Die Privatsphäre und damit auch das Stimmgeheimnis bleiben geschützt.
- Gerechtigkeit (Fairness): Es dürfen keine vorzeitigen Teilergebnisse publiziert werden, um weitere Stimmabgaben nicht zu beeinflussen.
- Verifizierbarkeit (Verifiability) und Vollständigkeit (Completeness): Die Korrektheit des Stimmergebnisses kann individuell wie universell überprüft werden. Durch individuelle Überprüfbarkeit kann ein Bürger verifizieren, dass seine Stimme gezählt wurde. Universelle Verifizierbarkeit bedeutet das Kontrollverfahren und die Bestätigung, dass der Ausgang der Abstimmung der Summe aller gültigen Stimmen entspricht.

Neben diesen Grundsätzen werden weitere Forderungen gestellt, so z. B. nach dem Schutz der Informationen für die Stimmberechtigten vor Manipulationen oder den Schutz der persönlichen Informationen über die Stimmberechtigten.

Eine oft gestellte Forderung betrifft die Option der Verzeihung (Forgiveness) resp. die Möglichkeit, seine Stimmabgabe korrigieren zu können. Damit möchte man ermöglichen, dass bei Zwang oder Nötigung ein Stimmberechtigter seine unter Druck entstandene Stimmabgabe korrigieren kann.

4.5.2 Klassifikation Blockchain-basierter E-Voting-Systeme

In ihrem Forschungspapier ‚Platform-independent Secure Blockchain-Based Voting System' (Yu et al. 2018) klassifizieren die Autoren E-Voting-Systeme aufgrund eines hervorstechenden Merkmals in drei Kategorien:

- Kryptowährung: Ein E-Voting-System kann mit der Hilfe einer auf Blockchain-basierten Kryptowährung vorangetrieben werden. Zhao und Chan (2015) schlagen das System Bitcoin vor, wobei Zufallszahlen für das Unkenntlichmachen der Stimmabgaben verwendet und mit Zero-Knowledge-Proof-Verfahren (Beutelspacher et al. 2015) verteilt werden. Dabei wird zwischen den beiden Parteien einer Transaktion (hier Wahl oder Stimmabgabe), d. h. zwischen dem Prüfer (Prover) und dem Verifizierer (Verifier), ein Beweisverfahren angewendet, das dem Verifizierer erlaubt, den Wahrheitsgehalt der Stimmabgabe zu überprüfen, ohne den Inhalt der Stimmabgabe zu kennen. Der Verifizierer hat also ‚Zero Knowledge' über die konkrete Stimmabgabe, der Prüfer wiederum kann beweisen, dass er über einen korrekt ausgefüllten Stimmzettel verfügt, ohne dass der Inhalt seiner Stimmabgabe preisgeben wird. Mit dem Zero-Knowledge-Proof-Verfahren wird demnach das Stimmgeheimnis geschützt (siehe Forderung Privacy). Tarasov und Tewari (2017) gehen einen Schritt weiter und verwenden anstelle von Bitcoins die Erweiterung Zcash. Zcash ist ein dezentrales E-Payment-System basierend auf Blockchain, das Anonymität bei Zahlungstransaktionen unterstützt. Im Gegensatz zu Bitcoin verwendet Zcash als Konsensalgorithmus nicht

den Proof-of-Work-Ansatz (PoW, siehe Kap. 3), sondern das Zero-Knowledge-Proof-Verfahren.
- Smart Contracts: Für die Realisierung eines E-Voting-Systems können Smart Contracts verwendet werden. Smart Contracts sind Protokolle basierend auf der Blockchain, die schriftliche Vereinbarungen (Verträge) abbilden und die Abwicklung und Überprüfung der Vertragsklauseln vornehmen. McCorry et al. (2017) schlagen ein E-Voting-System für Boardroom Voting vor, basierend auf Blockchain-basierten Smart Contracts. Das System ist allerdings beschränkt auf Ja-/Nein-Antworten, und die Menge der Wähler ist aufgrund des Leistungsvermögens dieser Lösung eingeschränkt.
- Ballot Box: Hier wird die Blockchain als Wahlurne, d. h. verteiltes Buchhaltungssystem für Wahlen, verwendet. Erste produktive Systeme wie TIVI.io oder FollowMyVote.com sind mit diesem Ansatz entstanden. Das System TIVI aus Tallin, Estland verwendet zur Verifikation der Wählerschaft Selfies, wobei ein hinterlegtes Bild mit dem Selfie durch ein biometrisches Verfahren abgeglichen wird. Erste praktische Wahlen sind mit TIVI erfolgreich durchgeführt worden. FollowMyVote verlangt vom Wähler eine Webcam und eine vom eGoverment ausgestellte Identifikation, um an einer elektronischen Wahl teilhaben zu können. Mit einer Blockchain lässt sich nach der Registrierung eine elektronische Wahl durchführen. Eine weitere Option besteht darin, blinde Signaturen für eine elektronische Wahl zu verwenden, wie sie von Liu und Wang (2017) vorgeschlagen wird.

Um eine E-Voting-Variante mit Blockchain-Technologie im Detail zu illustrieren, wird im nächsten Abschnitt ein Protokoll mit blinden Signaturen vorgestellt.

4.5.3 E-Voting-Protokoll mit blinden Signaturen

Die Blockchain ist ein verteiltes Buchhaltungssystem, bei dem jederzeit der Inhalt der einzelnen Blöcke konsultiert werden kann. Soll dieses System nun für elektronische Wahlen genutzt werden, stellt sich die Frage, wie Stimmabgaben geheim gehalten werden können. Eine Möglichkeit besteht darin, blinde Signaturen zu verwenden.

Blinde Signaturen wurden 1982 von David Chaum entwickelt (Chaum 1982), um elektronische Münzen anonym verwenden zu können. Die Echtheit solcher Münzen wird durch blinde Signaturen des dahinterstehenden Bankinstituts garantiert, wobei die Bank auch die Umwandlung von echten Münzen in elektronische und umgekehrt vornimmt. Damit können Kunden ihre elektronischen Münzen anonym verwenden (vgl. das elektronische Zahlungssystem eCash, das in der Zwischenzeit stillgelegt wurde).

David Chaum hat für die Verwendung blinder Signaturen allerdings auch das E-Voting als sinnvoll erachtet, um die Echtheit der Wähler (Authentizität) wie deren Anonymität bei der Stimmabgabe zu garantieren. Allgemein können blinde Signaturen dazu benutzt werden, um digitale Unterschriften für Daten (Dokumente, Stimmzettel, Zahlungen etc.) zu erzeugen, ohne dass der Lieferant digitaler Signaturen diese Daten einsehen kann.

David Chaum erläutert das Verfahren der blinden Signaturen durch folgende Analogie: Der zu signierende Wahlzettel wird in ein Couvert mit Blaupause gesteckt und der Wahlorganisator unterschreibt dieses Couvert blind, d. h. ohne dessen Inhalt zu kennen. Die Signatur drückt sich dank der Blaupause auf den Wahlzettel durch und der Wähler kann den blind signierten Wahlzettel anonym in die Urne werfen.

Yi Liu und Qi Wang haben in ihrem Forschungspapier ‚An E-Voting Protocol Based on Blockchain' (siehe Liu und Wang 2017) die Idee der blinden Signaturen aufgenommen, um die Transparenz einer Blockchain-Datenstruktur mit der Möglichkeit anonymer Stimmabgabe zu kombinieren. Im Folgenden wir das von den beiden Forschern vorgestellte Protokoll für E-Voting kurz erläutert.

Für ein Blockchain-basiertes E-Voting sind drei Teilnehmergruppen vorgesehen: Stimmbürger, Organisatoren und Inspektoren. Die Stimmbürger sind die berechtigten Wähler einer elektronischen Abstimmung und müssen sich entsprechend bei den Organisatoren registrieren. Die Organisatoren führen die Wahl durch und verifizieren den elektronischen Wahlvorgang. Sie publizieren am Ende der Wahl auch die Resultate. Inspektoren werden ernannt, um die Macht der Organisatoren einzuschränken. Inspektoren interagieren mit den Stimmbürgern; u. a. vergeben sie blinde Signaturen. Zudem haben sie Zugriff auf die Blockchain und können unterschiedliche Audits durchführen.

Betrachten wir ein kleines Beispiel in Abb. 4.10: Der Einfachheit halber beschränken wir uns auf eine Wählerin (Alice) und nehmen an, dass nur ein Organisator (Bob) und nur eine Inspektorin (Carol) beteiligt sind. Nach einer erfolgreichen Registrierung von Alice beim Organisator Bob kann Alice ihre digitale Stimme in zwei Phasen abgeben: In der ersten Phase holt sie zwei blinde Signaturen ein, eine vom Organisator Bob (Fall 1a in Abb. 4.10) und eine von der Inspektorin Carol (Fall 1b).

Konkret sieht die digitale Stimmabgabe für Alice wie folgt aus: Alice füllt den Stimmzettel aus, indem sie den gewünschten Wahlcode drückt und damit den VoteString V generiert. Ein VoteString V besteht aus den drei Teilen: Wahlcode (ChoiceCode: x Bits), Nullerkette (ZeroString: y Bits, wobei alle Bits = 0) und Zufallskette (RandomString: z Bits). Die Nullerkette wird zur Wohlgeformtheit des Wahlzettels gebraucht (well-formed VoteString); die Zufallskette wird benötigt, um die unterschiedlichen Stimmabgaben aller Wähler mit demselben Wahlcode zu unterscheiden.

Nehmen wir als kleines Beispiel eine Stimmabgabe für ein politisches Programm, bei dem der Wähler Ja (ChoiceCode = ‚10'), Nein (ChoiceCode = ‚01') oder Enthaltung (ChoiceCode = ‚00') eingeben kann. Bei der Wahl von mehreren politischen Mandatsträgern müsste ein entsprechender ChoiceCode für alle Wahloptionen vorgesehen werden.

Nachdem Alice den VoteString V erstellt hat, generiert der Computer von Alice einen Hashwert für V, d. h. hash(V). Zudem wird die Berechnungsfunktion C (calculation function) für die Erstellung blinder Signaturen durchgeführt und Alice schickt C_{Alice}(hash(V)) verschlüsselt zu Bob, indem sie den öffentlichen

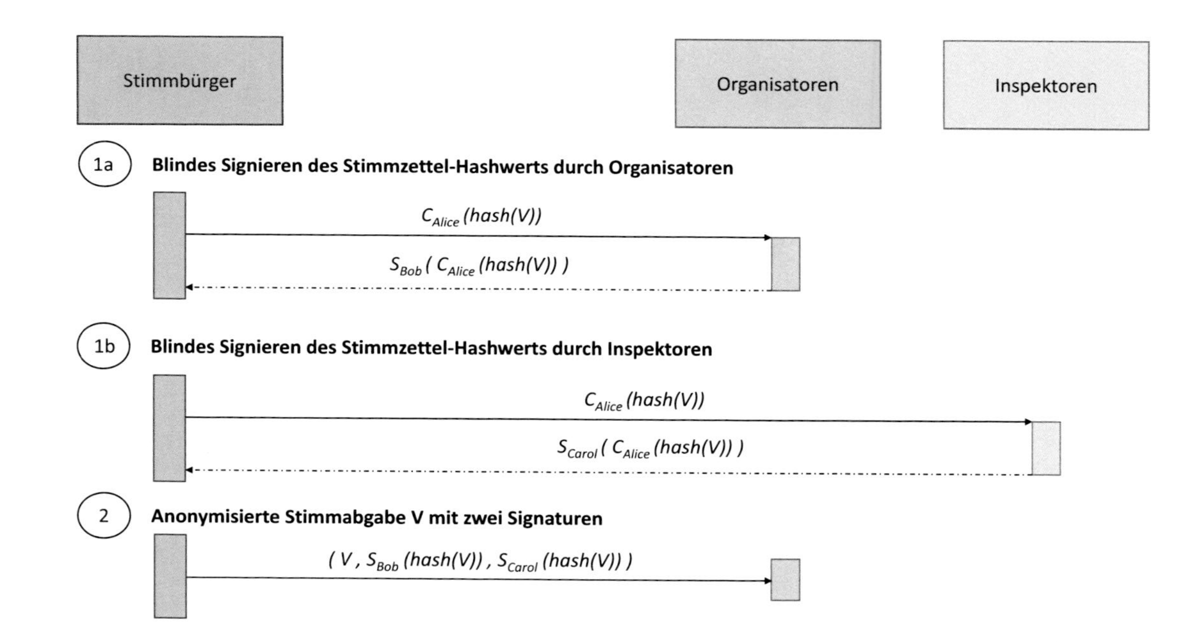

Abb. 4.10 E-Voting-Protokoll mit blinden Signaturen, angelehnt an Liu und Wang (2017)

Schlüssel von Bob verwendet (siehe Abschnitt über asymmetrische Kryptografie).

Der Organisator Bob prüft die Nachricht von Alice mit verifyVoter(Alice) und signiert $C_{Alice}(hash(V))$ mit seiner Unterzeichnungsfunktion S (signing function), falls Alice als Wählerin registriert ist. Danach schickt er $S_{Bob}(C_{Alice}(hash(V)))$ an Alice zurück, natürlich verschlüsselt mit dem öffentlichen Schlüssel von Alice.

Alice holt nun die blinde Unterschrift von der Inspektorin Carol auf analoge Art und Weise ein (siehe Fall 1b in Abb. 4.10). Sie verfügt danach über die beiden blinden Unterschriften, eine vom Organisator Bob und eine von der Inspektorin Carol.

Die Stimmabgabe von Alice kann anonym erfolgen, indem Alice die beiden Signaturen $S_{Bob}(hash(V))$ und $S_{Carol}(hash(V))$ extrahiert und die beiden Signaturen zusammen mit dem Original ihres Stimmzettels einreicht. Für die Extraktion muss sie lediglich die inverse Berechnungsfunktion für blinde Signaturen C^{-1} anwenden, d. h. $S_{Bob}(hash(V)) = C^{-1}_{Alice}(S_{Bob}(C_{Alice}(hash(V)))$ resp. $S_{Carol}(hash(V)) = C^{-1}_{Alice}(S_{Carol}(C_{Alice}(hash(V)))$.

Die hier aufgeführten Schritte wie das Einholen von Signaturen oder das anonyme Abstimmen werden in der Blockchain abgelegt. Manipulationen an digitalen Stimmzetteln werden damit verhindert. Die Stärke des vorgestellten Protokolls von Liu und Wang (2017) liegt darin, dass die Verwaltung der digitalen Stimmzettel mit der Blockchain-Technologie für Transparenz sorgt. Mit anderen Worten können jederzeit die Wähler verifizieren, ob ihre Stimmen gezählt wurden (individuelle Verifizierbarkeit). Zudem kann das endgültige Stimmresultat, das vom Organisator berechnet und publiziert wurde, z. B. von der Inspektorin Carol überprüft werden (universelle Verifizierbarkeit). Weitere Audits lassen sich bei Bedarf durchführen.

Zusätzlich zur Transparenz durch die Blockchain ermöglichen die blinden Signaturen, dass die Wähler ihre Stimmen anonym abgeben können (siehe Forderung der Privacy). Mit anderen Worten kann niemand eine Verbindung zwischen einem Stimmzettel und einem Wähler rekonstruieren und die Wählerschaft bleibt geschützt.

4.5.4 Spannungsfeld zwischen MyPolitics und OurPolitics

Bei der Nutzung der Blockchain-Technologie für elektronische Wahlen wird immer wieder betont, wie wichtig die Anforderung des Stimmgeheimnisses für die Wähler ist. Allerdings stellt sich im Zeitalter der Digitalisierung die Frage, ob nicht differenziertere Wege bezüglich offener und geheimer Wahl beschritten werden sollten. Wichtig scheint uns jedenfalls, dass der Bürger selbst entscheiden kann, ob er geheim oder offen abstimmen möchte. Eventuell werden gar differenzierte Optionen mit der Hilfe eines Filters angeboten, um den Kreis derjenigen Nutzer zu bestimmen, die auf Teile des eigenen Profils sowie des Stimmverhaltens zugreifen dürfen (Kaskina 2018; Meier et al. 2018).

Ladner und Meier (2014) schlagen für die digitale Gesellschaft vor, das demokratische Zusammenleben in einer Gemeinschaft neu zu erfinden. Sie plädieren für zwei sich ergänzende Optionen für die Bürgerinnen und Bürger: MyPolitics und OurPolitics. MyPolitics geht von den persönlichen und individuellen Partizipationsrechten aus, wobei OurPolitics die kollektiven und deliberativen Teilnahmemöglichkeiten betrifft (vgl. Abb. 4.11).

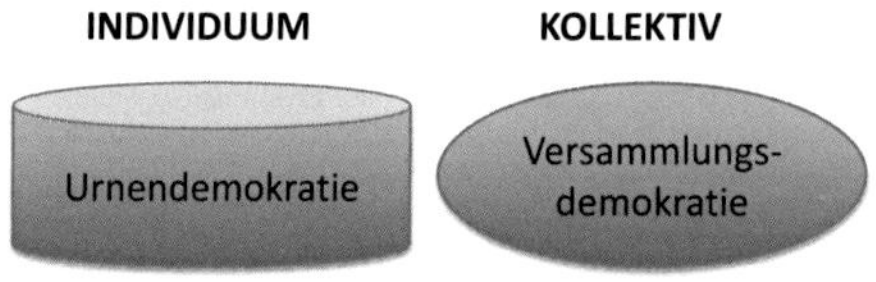

INDIVIDUUM | KOLLEKTIV

Urnendemokratie | Versammlungsdemokratie

Stimmabgabe	geheim	offen
Zeitliche Verteilung der Stimmabgabe	sukzessive	simultan
Räumliche Verteilung der Stimmabgabe	dezentral	zentral
Relation zwischen Akteuren	Distanz	Kopräsenz

Abb. 4.11 Urnendemokratie versus Versammlungsdemokratie angelehnt an Ladner und Meier (2014)

Bürgerinnen und Bürger, die regelmässig elektronische Abstimmungen oder Wahlen durchführen, können auf dem eGovernment-Portal eine gesicherte Umgebung zu MyPolitics ablegen. In MyPolitics können sie ihre politischen Präferenzen resp. ihr politisches Profil aufgrund eines ausgefüllten Fragebogens deponieren. Daneben können sie eine persönliche politische Agenda aufstellen und sich festlegen, welche politischen Programme sie verfolgen und welche sie gar aktiv mitgestalten möchten. Sie kommentieren aktuelle Abstimmungen und Wahlen und legen ihre Stimmabgaben in MyPolitics ab. Eventuell öffnen Sie mit der Hilfe des Privacy Setting Frameworks (Kaskina 2018) ihr politisches Tagebuch oder Teile davon gegenüber einzelnen Familienmitgliedern, Freunden oder Mitgliedern unterschiedlicher Interessensgruppen. Dadurch entstehen Political Communities of Interest.

Möchten sich eCitizen stärker für politische Anliegen engagieren, wählen Sie die Option OurPolitics. Sie hinterlegen ihr politisches Profil halboffen oder offen, wobei sie jederzeit Änderungen oder Ergänzungen vornehmen können. Dank der Offenlegung ihres politischen Profils können sich die eCitizen auf der Webplattform treffen, indem sie Empfehlungssysteme nutzen, die ähnlich gelagerte Profile aufzeigen und entsprechend interessierte Bürgerinnen und Bürger zusammenführen. Damit ergeben sich im besten Fall Political Communities of Practice. Vernetzte Bürgergruppen mit ähnlichen politischen Präferenzen entwickeln gemeinsame Initiativen, investieren Zeit und Wissen und versuchen, ihren Lebensraum aktiv zu gestalten.

Die beiden Optionen MyPolitics und OurPolitics verkörpern zwei unterschiedliche Erwartungen an das gute Funktionieren einer Demokratie (siehe Abb. 4.11). Die Option MyPolitics steht für Möglichkeiten der Urnendemokratie. Dabei entspricht die politische Partizipation einem individuellen Akt, bei dem die Stimme geheim an der Urne abgegeben wird. Die Anhänger von OurPolitics bevorzugen die Versammlungsdemokratie; hier wird der offenen Stimmabgabe im kollektiven und interaktiven Prozess nachgelebt. Beide Optionen, MyPolitics wie OurPolitics, haben ihre Vor- und Nachteile (vgl. Schaub 2014). Wichtig bei der Nutzung elektronischer Plattformen ist, dass der eCitizen seine Präferenz wählen kann und nicht vom Staat aufgefordert wird, geheim oder offen abzustimmen.

Dank elektronischer Plattformen und Partizipationsoptionen können fliessende Übergänge zwischen MyPolitics und OurPolitics realisiert werden. Der eCitizen allein bestimmt, ob er seine Stimme geheim abgibt oder diese gemäss dem Privacy Setting Framework einzelnen Individuen oder Gruppen (Familie, Freunde, Partei, Arbeitskreis, Interessengruppe etc.) zur Verfügung stellt und kommentiert. Damit ergibt sich ein Spektrum von Handlungsoptionen zwischen der Urnen- und der Versammlungsdemokratie. Politbeobachter, Journalisten, Historiker oder Medienschaffende können diese Partizipationsoptionen der eSociety jederzeit auswerten und damit aufzeigen, wie differenziert sich eine digitale Gesellschaft weiterentwickelt.

4.5.5 Chancen und Risiken

Die Vorteile bei der Nutzung von Blockchain-Technologien für E-Voting liegen auf der Hand: Es gibt keine zentrale Instanz (Regierungs- oder Verwaltungsstelle), die das elektronische Wahlverfahren kontrollieren und im Extremfall manipulieren kann. Jeder Citizen, der an der Wahl teilnimmt, kann hingegen verifizieren, ob seine Stimme gezählt wurde. Zudem haben alle Beteiligten Zugriff auf das Stimmergebnis.

Der Vorteil, dass ein verteiltes Buchhaltungssystem für Wahlen mit einem entsprechenden Konsensalgorithmus Manipulationen verhindert, kann nicht hoch genug eingeschätzt werden. Vor allem in Staaten, deren Regierungen zu Korruption tendieren, ist ein unverfälschtes Wahlergebnis ein großes Plus.

Was die Anonymität der Wähler betrifft, so kann diese entweder mit Zero-Knowledge-Proof-Verfahren oder mit blinden Signaturen gewährleistet werden. Allerdings wäre für digitale Gesellschaften das Bereitstellen von Wahlplattformen innovativ, welche das ganze Spektrum zwischen einer anonymen Urnenwahl und einer offenen Versammlungswahl mit diversen Abstufungen anbieten würde. Selbstverständlich könnte jeder

Citizen selbst bestimmen, wie weit und an wen er den Inhalt seines Stimmzettels offenlegen möchte.

Eine weitere Option zur Verbesserung der demokratischen Grundrechte könnte darin bestehen, den Stimmenden nicht nur Ja (Wert 1) und Nein (Wert 0) zu offerieren, sondern das ganze Wahlspektrum zwischen 0 und 1. Eine Möglichkeit dazu wäre die Einführung des Fuzzy Voting (Ladner und Meier 2014; Portmann und Meier 2019), bei dem jeder Bürger den Grad seiner Annahme oder Ablehnung eines politischen Programms oder eines Mandatsträgers selbst bestimmen kann. Paulo Côrte-Real hat eines seiner Forschungspapiere wie folgt betitelt: ‚Fuzzy voters, crisp votes' (Côrte-Real 2007). Damit wollte er ausdrücken, dass die Bürger sehr wohl differenzieren (fuzzy voters), jedoch bei demokratischen Entscheidungen verpflichtet werden, entweder schwarz (Wert 0, Ablehnung) oder weiß (Wert 1, Annahme) einzugeben, Grautöne dazwischen sind nicht erlaubt.

Erinnern wir uns an knappe Entscheidungen, die die Bevölkerung in zwei Lager dividiert und oft für Jahre hinaus lähmt: Im Jahr 2000 standen sich die beiden Präsidentschaftskandidaten George W. Bush und Al Gore gegenüber. Die Auszählung war so knapp, dass es einen Monat dauerte, bis das Endergebnis feststand. Al Gore erzielte zwar mehr Stimmen (50'999'897) als Bush (50'456'002), der Republikaner gewann aber mehr Wahlmännerstimmen und wurde zum Präsidenten gewählt. Beim Referendum des Vereinigten Königreichs bezüglich EU-Austritt (Brexit), am 23. Juni im Jahr 2016, betrug die Wahlbeteiligung 72,2 %. Für einen Austritt stimmten 51,9 % der Wähler (etwa 17,4 Mio. bzw. 37,4 % der wahlberechtigten Bürger); für einen Verbleib in der Europäischen Union stimmten 48,1 %. Auch die Schweiz wurde von knappen Ergebnissen nicht verschont: Die Initiative ‚Gegen Masseneinwanderung' von 2014 war hart umkämpft. Schließlich gaben 19'302 Stimmen (0,6 %) den Ausschlag und die Initiative wurde angenommen. Nach unserer Auffassung würden unscharfe Stimmoptionen diese Problematik entschärfen, da meistens nur ein Teil der Bevölkerung in Schwarz-Weiß-Kategorien denkt und handelt. Ein E-Voting System, basierend auf Blockchain und Fuzzy Voting, wäre prüfenswert.

Blockchain-Technologien bergen auch Risiken, gerade bei der Nutzung von E-Voting. Viele Bürgerinnen und Bürger fragen sich, ob man Datenstrukturen (Kette von Blöcken) und Algorithmen (Konsensfindung) vertrauen kann. Abhängigkeit von Technologie war immer schon eine Bedrohung, obwohl unsere Wirtschaft ohne zuverlässige Informations- und Kommunikationssysteme schon heute nicht mehr überlebensfähig ist.

Mit E-Voting basierend auf Blockchain stehen wir noch ganz am Anfang. Erste produktiv nutzbare Systeme sind entwickelt, erste Blockchain-basierte Wahlen durchgeführt worden und doch gibt es noch weiteres Verbesserungspotenzial. Eines bleibt jedoch unumstritten: So wie sich Gesellschaften aufgrund des technologischen Fortschritts stetig weiterentwickeln, sollten auch die demokratischen Verfahren hinterfragt und bei Bedarf mit Innovationen angereichert werden.

4.6 Smart Cities

Edy Portmann, Daniel Gerber, Sarah Röthlisberger und Matthias Egli

Blockchains eroberten die Welt im Sturm. Noch nie zuvor haben wir ein so hohes Entwicklungs- und Akzeptanztempo erlebt, wie bei Blockchain und Distributed Ledger Technology. Dies gilt auch für ihre Anwendung in der intelligenten Stadt. Da ist eine entschlossene Internet of Things-Community (IoT) aktiv auf der Suche nach technischen Lösungen für die Herausforderungen der Smart City (vgl. Guinard 2017). Generell hat der Blockchain-Hype jedoch mittlerweile seinen Zenit der übertrieben hohen Erwartungen überschritten, und das nicht nur in Bezug auf die smarte Stadt (vgl. Gartner in Guinard 2017, S. 14). Die Herausforderung besteht heute darin, die Technologie zukunftssicher zu machen. In diesem Sinne werden gerade erhebliche Anstrengungen unternommen, um zu verstehen, wo diese Technologie etwas bewirken kann und wo nicht (ebenda, S. 6). Dem wollen wir im Folgenden mit dem Blick auf die Smart City nachgehen.

Ausgehend von Portmann et al. (2019) stellen wir hier die Konzepte von intelligenten und kognitiven Städten vor (Abschn. 4.6.1). In Anlehnung an Pfäffli et al. (2018) zeigen wir anschließend in Abschn. 4.6.2 die Herausforderungen, vor welche sich Städte heute gestellt sehen. Dabei schlagen wir mit Blick auf Vertrauen (Trust) in komplexe Systeme, wie etwa smarte bzw. kognitive Städte, eine Architektur (Smart City Wheel) vor, die allen Bürgern individuelle Lösungen bietet. Diese Stadtarchitektur wurde in einer transdisziplinären Partnerschaft der Schweizerischen Post und der Swisscom mit dem Smart City-Forschungsteam am Human-IST Institut der Universität Fribourg entwickelt. Abschn. 4.6.3 stellt exemplarisch drei Blockchain-Projekte vor, die im Abschn. 4.6.4 mit gemachten Erfahrungen ergänzt werden. Last but not least gibt Abschn. 4.6.5 einen kurzen Ausblick zu Blockchain und DLT im Smart/Cognitive City-Ökosystem.

4.6.1 Begriffsbildung Smart und Cognitive City

Der Begriff Smart City ist viel diskutiert und dementsprechend viele Definitionen gibt es. Den meisten ist die Grundidee gemeinsam, dass die Anreicherung von stadtrelevanten Funktionen mit Informations- und Kommunikationstechnologien zur effizienten und nachhaltigen sozioökonomischen Gestaltung des städtischen Raumes beitragen kann (Portmann und Finger 2015; Portmann et al. 2019). Die Herausforderungen, mit denen sich Städte auseinandersetzen müssen und für die sich intelligente Lösungen als besonders geeignet erwiesen haben, sind oft ähnlich, wenn auch die Schwerpunktsetzung von Stadt zu Stadt unterschiedlich ist. Portmann (2018) beschreibt, wie hier mittels Soft Computing-Techniken smarte Lösungen für Städte entwickelt werden könnten. Auf systemtheoretischem Denken bauend, konzentrieren sich heutige Smart City-Konzepte und -Projekte mehrheitlich auf die Steigerung von Effizienz und Nachhaltigkeit.

Im Kontrast dazu entwickelt sich zurzeit das Konzept der Human Smart City (siehe Pfäffli et al. 2018). Dieses Konzept stellt den Bürger konsequent ins Zentrum aller Smart City-Bestrebungen. Dabei liegt der Fokus nicht nur auf simpler Effizienzsteigerung, sondern auf dem nachhaltig-resilienten symbiotischen Zusammenleben aller Stakeholder einer Stadt, egal ob diese biologisch oder künstlich sind (Finger und Portmann 2016). Das Konzept berücksichtigt bei der Entwicklung kognitiver (Stadt-)Systeme Prinzipien eines Zusammenlebens, wie sie u. a. von Balch (2013) beschrieben werden, um die eingeführte kollektive urbane Intelligenz ressourcenschonend zu erreichen. Dabei empfiehlt es sich, die von der Malsburg (2001) beschriebenen, systemtheoretischen Konzepte der Emergenz und Selbstorganisation einzusetzen, wodurch sich künftige Städte dank kognitiver Systeme zu Cognitive Cities weiterentwickeln (Finger und Portmann 2016).

Nach von der Malsburg (2001) kann der Ausbau der Systemtheorie zu einer neuen Organisationswissenschaft führen, auf deren Basis Prinzipien der Ordnung komplexer Strukturen (wie das menschliche Gehirn, Gesellschaften und/oder Organisationen, vgl. Portmann und Meier 2019) betrachtet und verstanden werden können. Heute gibt es mit Soft Computing Techniken schon vereinzelte Ansätze zu so einer organischen Wissenschaft sowie zur wissenschaftlichen Behandlung und dem biomimetischen (Nach-)Bau ihrer zugehörigen Informationssysteme (z. B. städtische Systeme). Auf Basis dieser Organisationswissenschaft könnten dereinst aus algorithmisch gesteuerten Smart Cities, welche (heute noch) vornehmlich die urbane Effizienz adressieren, autonome oder kognitive Organismen (sog. kognitive Städte) werden (vgl. Portmann und Meier 2019).

Der Begriff der kognitiven Stadt (engl. Cognitive City; Finger und Portmann 2016) bezieht sich auf ein ständig wachsendes Netz von Informations- und Kommunikationszentren, das den Kern der Städte von heute und morgen bildet. In der kognitiven Stadt wird der menschliche Faktor zur Kommunikationsschleife hinzugefügt. Die Kommunikation zwischen Personen und Personen, Personen und Maschinen und Maschinen und Maschinen erfolgt ständig mit allen verfügbaren Mitteln. Technische Grundlage sind kognitive Computersysteme, die in der Lage sind, Muster in den Datenmengen zu erkennen und durch Interaktion und Kommunikation mit den Menschen, die sie nutzen, zu lernen

(Hurwitz et al. 2015; Wilke und Portmann 2016). Gleichzeitig können sie durch die ständige Interaktion mit den Menschen, die sie nutzen, mehr darüber erfahren, was wir fühlen, wollen und brauchen. Auf diese Weise werden neue Daten erhoben und verarbeitet. Entwicklungen wie Cloud-basiertes Social Feedback, Crowdsourcing und prädiktive Analysen ermöglichen es Städten, aktiv und unabhängig zu lernen sowie Wissen aufzubauen und zu erweitern, wenn neue Informationen zu den bereits vorhandenen hinzugefügt werden. Durch Selbstorganisation entstehen dabei emergente (Stadt-)Strukturen (von der Malsburg 2001).

Das Hauptmerkmal smarter und kognitiver Städte ist die Erhebung, Analyse und Aufbereitung von Daten zur Gewinnung von Informationen, mit denen spezifische Probleme oder Bedürfnisse in der Stadt angegangen werden können (Finger und Portmann 2016). Eine Stadt kann intelligent(er) werden, indem sie qualitativ hochwertige Daten sammelt, die den verschiedenen Interessengruppen einer Stadt zur Verfügung gestellt werden (Hurwitz et al. 2015). So können sie besser auf spezifische Probleme oder Bedürfnisse in der Stadt eingehen. Big Data und IoT, ein Netzwerk von Objekten, welche mit Sensoren, Software und Netzwerkanbindung ausgestattet sind, werden dabei eine immer wichtigere Rolle spielen. Die Objekte sind in der Lage, große Datenmengen (kosten- und energieeffizient) zu sammeln, weiterzuleiten und autonom untereinander auszutauschen. Darüber hinaus können sie mit bestehenden Internetinfrastrukturen zusammenzuarbeiten. Das gesamte städtische Umfeld ist mit Sensoren ausgestattet, die Daten erfassen, die etwa in einer Cloud zur Verfügung gestellt werden. Somit ist jedes öffentliche Gerät gleichzeitig eine nützliche Vorrichtung an sich und ein schnelles, kostengünstiges und allgegenwärtiges Mittel zur Datenerfassung, das auf Sensoren und Aktuatoren basiert und verteilte intelligente Komponenten über ein ausgedehntes Netz von mobilen und statischen Freigabepunkten integriert (vgl. Goodchild 2007). Dadurch entsteht eine permanente Interaktion zwischen den Stadtbewohnern und der sie umgebenden Technik.

Intelligente und kognitive Städte liefern den Kontext für den Einsatz der Blockchain-Technologie im IoT und beschreiben, wie sich der Raum entfalten wird. Cognitive City-Konzepte sollen und können Smart City-Ansätze nicht ersetzen, sondern ergänzen, indem sie sich auf einen spezifischen Aspekt der Smart City konzentrieren: Interaktion und Kommunikation zwischen den Interessengruppen und der Stadt. So ist die kognitive Stadt nicht nur ein weiteres Thema wie smart mobility oder smart energy, sondern eine weitere Perspektive, die die Smart City als Ganzes betrifft: Die Prinzipien der kognitiven Stadt (sowie ihre Techniken bzw. Technologien) sind auf alle Themen der Smart City anwendbar, wenn es um emergente Aspekte (vgl. von der Malsburg 2001) der Interaktion und Kommunikation geht. Die Gestaltung kognitiver Städte bedeutet daher, die Reziprozität der Kommunikation bzw. Interaktion zwischen stadtbezogenen Informations- und Kommunikationstechnologien (IKT) und den Bürgern zu gestalten.

Wie bereits erörtert, werden Städte smarter, indem sie hochwertige Daten sammeln und den Stakeholdern zur Verfügung stellen. Dieser datengetriebene Ansatz, der stark auf Effizienz und Nachhaltigkeit ausgerichtet ist (vgl. Balch 2013), hat sich in vielen Bereichen bewährt und bietet somit eine Antwort auf zentrale Herausforderungen der modernen Stadt (Pfäffli et al. 2018). In Zukunft werden hierbei Blockchain und DLT wohl eine immer grössere Rolle spielen und die Qualität der Daten (wie Big Data aus IoT-Sensoren) weiter steigern. Das Vertrauen in die Daten wird damit ebenfalls gesteigert werden können (vgl. Guinard 2017).

4.6.2 Herausforderungen für digitale urbane Räume

Stadtregierungen und -verwaltungen müssen sich grundsätzlich die Frage stellen, welche Rolle Informations- und Kommunikationstechnologien innerhalb ihrer Stadt haben sollen. In Unternehmen hilft hierbei eine Unternehmensarchitektur: Nach Pfäffli et al. (2018) kann die Modellierung dieser Technologien unter Einbezug des betrieblichen soziotechnischen Kontextes (z. B. Geschäftsprozesse, Unternehmensstrategie etc.) dazu beitragen, die Effizienz in den Bereichen Kommunikation,

Transparenz und Vereinfachung der Prozesse, Erhöhung der Qualität der Produkte, Flexibilität und Agilität zu steigern.

Vor diesem Hintergrund schlagen sie, analog zu einer Unternehmensarchitektur, eine Smart City-Architektur vor, welche Städte auf dem Weg in die Smart/Cognitive City unterstützt (Pfäffli et al. 2018). Sie soll dazu beitragen, konkrete Handlungsfelder im Bereich Smart City zu bestimmen und umzusetzen. Sie stellt die Grundlage einer gezielten Analyse dar, die danach fragt, welche Bedürfnisse bestehen, mit welchen Smart/Cognitive-City-Dienstleistungen und -Produkten diese Bedürfnisse befriedigt werden können und welche digitalen Technologien sowie physischen Infrastrukturen für die Bereitstellung dieser Dienstleistungen und Produkte benötigt werden. Nicht zuletzt sollen alle für die jeweilige Smart/Cognitive-City-Dienstleistung relevanten Anspruchsgruppen identifiziert werden, sodass diese ihre Ideen einbringen können (Metzger et al. 2018).

Die in Abb. 4.12 vorgeschlagene Architektur besteht aus vier Layern: 1. dem Service Layer, 2. dem Informations- und Kommunikationstechnologie Layer, 3. dem Infrastructure Layer und 4. dem quergelagerten Process Layer (Pfäffli et al. 2018).

1. Auf Grundlage des Service Layers kann herausgearbeitet werden, welche Dienstleistungen in einer bestimmten Stadt angeboten werden sollten. Um den Bedarf zu analysieren, kann der Service Layer in verschiedene Ebenen differenziert werden. Die erste Ebene besteht aus Handlungssektoren. Hierbei handelt es sich um übergeordnete Themen. Die zweite Ebene umfasst Handlungsfelder, welche den Handlungssektoren zugeordnet sind und diese konkretisieren. Die dritte Ebene stellt die konkreten Dienstleistungen und Produkte einer Stadt dar, die aus den Handlungssektoren und -feldern abgeleitet werden.
2. Der Digital Layer verweist auf die Schlüsseltechnologien, die benötigt werden, um Dienstleistungen bereit zu stellen, darunter auch Blockchains. Besonders wichtig für dieses Layer ist die API-Architektur (engl. Application Programming Interface), mit dem Ziel einer Schnittstellen-Programmierung,

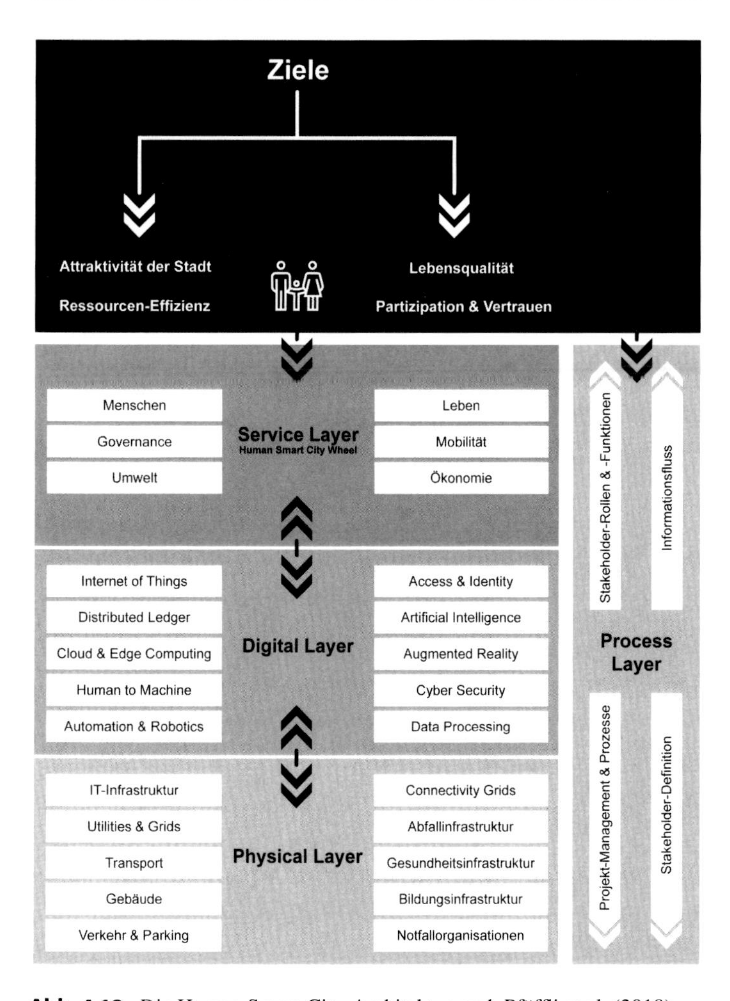

Abb. 4.12 Die Human Smart-City-Architektur nach Pfäffli et al. (2018)

welche die kostengünstige und schnelle Verknüpfung und Integration verschiedener Technologien ermöglicht.

3. Der Physical Layer besteht aus technischen Infrastrukturkategorien. Sie umfassen im Wesentlichen die städtische physische Infrastruktur (z. B. Strassen, Gebäude, Glasfaserkabel

und Mobilfunkantennen) sowie die physisch vorhandene Informationstechnologie-Infrastruktur. Wie beim Digital Layer stellt sich die Frage, welche Infrastruktur benötigt wird, um die gewünschte Dienstleistung bereitzustellen.
4. Mithilfe des querliegenden Process Layers kann analysiert werden, wie die Prozesse gestaltet sein müssen, damit die entsprechenden Dienstleistungen und Produkte bereitgestellt werden können. Ferner können auf Basis des Process Layers die relevanten Personen und Anspruchsgruppen zur Bereitstellung einer bestimmten Dienstleistung bestimmt und die Frage geklärt werden, wer welche Funktion oder Rolle einnimmt und wie die Informationsflüsse verlaufen müssen, damit die Dienstleistung oder das Produkt erfolgreich angeboten werden kann.

Es kann festgehalten werden, dass sich bei der Anwendung der Smart/Cognitive-City-Architektur drei Stärken herauskristallisieren. Erstens zeigt sie auf, dass gute Smart/Cognitive-City-Dienstleistungen und -Produkte aus der geschickten Kombination bestehender städtischer Infrastruktur mit digitalen Technologien entstehen. Zweitens unterstützt die Architektur die Zusammenarbeit zwischen verschiedenen Anspruchsgruppen, indem sie bei der Definition und Abgrenzung der einzelnen Rollen hilft. Dank des Process Layers können Prozesse für den Interessenausgleich und die Zusammenarbeit in einem Co-Creation-Modus entwickelt werden. Die Smart/Cognitive-City-Architektur verdeutlicht, welche Bausteine konkret für ein bestimmtes Produkt benötigt werden. Auf dieser Basis können die einzelnen Akteure entscheiden, was auf welchen Layern wie angeboten werden soll und welche Kooperationsmöglichkeiten innerhalb des Smart/Cognitive City-Ökosystems sich hierbei ergeben. Drittens unterstützt die Smart/Cognitive City-Architektur die intelligente Kombination von physischer Infrastruktur mit digitaler Technologie. So kann die Verknüpfung unterschiedlicher Daten, die aus unterschiedlichen Quellen des Physical Layers stammen, zur Grundlage für eine neue Smart/Cognitive-City-Dienstleistung werden.

Die gegenwärtige digitale Revolution verändert unser Leben zu Hause, die Art und Weise, wie wir mit unseren Städten interagieren und wie wir mit Verbrauchsgütern umgehen. Neue Use Cases zeigen die Komplexität des Managements von Datenschutz, Sicherheit und Skalierbarkeit – die gleiche Komplexität, die Blockchains als Rückgrat für Smart/Cognitive-City-Lösungen bieten (Guinard 2017). Um das sprichwörtliche Problem zu vermeiden, dass mit einem „Blockchain-Hammer“ alle städtischen Probleme wie Nägel aussehen, untersuchten wir deshalb Herausforderungen von Smart/Cognitive Cities, um zu verstehen, ob und wie Blockchain echte Lösungen bieten. Der folgende Abschnitt stellt Use Cases vor.

4.6.3 Einsatz von Blockchain bei der Schweizerischen Post

Während die Welt weiter urbanisiert, kämpfen die Städte mit den Herausforderungen, welche die wachsenden Anforderungen an Wohnen, Essen, Energie, Wasser, Arbeitsplätze, Wohnungen und Mobilitätslösungen an sie stellen. Vor diesem Hintergrund entstand eine Smart/Cognitive-City-Bewegung, die sich dieser Herausforderungen annahm. Die meisten frühen Smart/Cognitive-Cities-Initiativen wurden von globalen IT-Unternehmen und durch die politische Führung von oben nach unten vorangetrieben. In jüngerer Zeit begannen die Städte, die Bürger zu involvieren. Gleichzeitig entwickeln sich Blockchain-Technologien als disruptive, transformative Kraft in fast allen Branchen. Blockchain-Technologien bieten Smart/Cognitive Cities ein erhebliches Potenzial, um ihre Effizienz- und Transparenzziele zu erreichen und ermöglichen es, die Bürgerbeteiligung zu stärken. Zusammen mit ihrem akademischen Partner für Smart/Cognitive City Research, dem Human-IST Institute von Fribourg/Schweiz sowie der Swisscom Schweiz, testet die Schweizerische Post Use Cases für Smart/Cognitive Cities oder setzt bereits konkrete Projekte um. Die folgenden drei Beispiele sind führende Blockchain-Projekte der Schweizerischen Post sowie PostFinance: 1. Thermo-Monitoring in Paketen (Post), 2. Bewirtschaftung von

Eigenverbrauchsgemeinschaften für elektrische Energie (PostFinance) und 3. Aufbau einer Schweizer Blockchain-Infrastruktur mit einem gemeinsamen Consensus (Post und Swisscom gemeinsam).

- Thermo-Monitoring in Paketen: Den Kunden der Schweizerischen Post steht mit „Thermo-Monitoring" seit dem Frühling 2019 eine Dienstleistung zur Verfügung, die auf der Blockchain-Technologie beruht und es ermöglicht, die Temperatur im Inneren von Paketen auf dem gesamten Transportweg zu überwachen und aufzuzeichnen. Dadurch reisen sensible Waren, wie z. B. Arzneimittel, noch sicherer. So wird die Compliance mit den regulatorischen Vorgaben sichergestellt. Thermo-Monitoring hat die Post zusammen mit ihrem Technologiepartner Modum.io entwickelt. Der Versender legt dem Paket einen Mess-Sensor von Modum bei, den so genannten MODsense T Temperaturlogger (MODsense-Lösung). Dieser misst die Temperatur auf dem gesamten Transportweg und zeichnet sie auf. Die Messdaten werden in einer Blockchain gespeichert. Diese sorgt für Vertrauen und Sicherheit, da belegt werden kann, dass die Daten nachträglich nicht manipuliert worden sind. Zudem erlaubt die Blockchain künftig eine höhere Automatisierung der administrativen Prozesse, wie z. B. eine automatisierte Rechnungsstellung an den Kunden. Das Auslesen und Übermitteln der Daten erfolgt automatisch: Scannt der Bote die Sendung bei der Zustellung, werden die Messdaten ausgelesen und dem Versender innerhalb kurzer Zeit übermittelt – ohne dass das Paket geöffnet werden muss. Allfällige Temperaturabweichungen während des Versands sind kurz nach der Zustellung bekannt. Dank der lückenlosen Messung lässt sich feststellen, wo die Abweichung auftrat. Im Warenausgang des Versenders? Im Fahrzeug oder im Paketzentrum der Post? Dies erleichtert die Ursachenforschung und liefert wichtige Fakten für das Qualitätsmanagement.
- Energieverrechnung für Eigenverbrauchsgemeinschaften (PostFinance): In dem im Jahr 2015 gegründeten Innovationslab von PostFinance werden Projekte entwickelt, die die digitale

Transformation unterstützen. Die Technologie der Blockchain ist dabei ein Schwerpunkt: Wie lässt sie sich für neuartige Geschäftsmodelle nutzen? Wie kann sie für die Buchführung von Waren und Dienstleistungen gewinnbringend eingesetzt werden? Hier setzt der gemeinsam mit Energie Wasser Bern 2018 gestartete Pilotversuch „Blockchain for Utility" an. Ausgangspunkt ist die Tatsache, dass sich Strom bisher nur über den zentralen Energieversorger verrechnen ließ. Mit dem 2018 in Kraft getretenen Energiegesetz dürfen jedoch nun auch Hauseigentümer mit Photovoltaik-Anlagen den selbst produzierten Strom direkt nutzen und ihren Mietern verrechnen. Um die Verrechnung ökonomisch sinnvoll und effizient abzuwickeln, wurde ein automatisiertes Verfahren entwickelt. Gemeinsam mit dem Unternehmen Energie Wasser Bern hat PostFinance eine Lösung entwickelt, die eine einfache und effiziente Abrechnung ermöglicht. Dabei werden intelligente Stromzähler in den Haushalten mit der Blockchain verknüpft sowie die Verbrauchs- und Produktionsdaten automatisch erfasst und für die Abrechnung genutzt. Blockchain bietet dafür die ideale Basis: Daten können auf der Blockchain rückwirkend nicht verändert werden, Transaktionen lassen sich sicher nachweisen; dies schafft Vertrauen. Ziel ist es, den Kunden ein sicheres, effizientes Tool zur Verfügung stellen, das sich einfach mit dem PostFinance-Konto verknüpfen lässt. Mittelfristig will PostFinance mit diesem Pilotprojekt weitere Energieversorger gewinnen, Erfahrungen mit auf Blockchain-basierenden Zahlungs- und Verrechnungslösungen sammeln und außerhalb der Energiebranche nach Anwendungsgebieten suchen.

- Aufbau einer gemeinsamen Blockchain: Die Schweizerische Post und Swisscom bauen gemeinsam eine sichere und nachhaltige Blockchain („Consensus-as-a-Service"). Sie ist die erste „Private Blockchain" der Schweiz, die gemeinsam von Partnern betrieben wird. Sie unterscheidet sich in wesentlichen Punkten von anderen privaten Blockchains: Die Daten bleiben vollständig in der Schweiz, die Infrastruktur erfüllt die hohen Sicherheitsanforderungen von Banken und der Konsens erfolgt bei mindestens zwei vertrauenswürdigen

Unternehmen. Die gemeinsame Infrastruktur, die aktuell das Blockchain-Framework „Hyperledger Fabric" unterstützt, werden die beiden Unternehmen für eigene Anwendungen nutzen und weiteren Unternehmen für deren Anwendungen zur Verfügung stellen. Für die gemeinsame Blockchain verbinden die Post und Swisscom ihre bestehenden privaten Infrastrukturen für Blockchain-Anwendungen. Die beiden Instanzen überprüfen sich gegenseitig und bilden dadurch Vertrauen. Im Unterschied zu „Public Blockchains" (z. B. Bitcoin und Ethereum) benötigt diese private Blockchain wesentlich weniger Energie, da sie nur von identifizierten Usern genutzt werden kann, die über eine vertragliche Beziehung mit den Anbietern einer Anwendung verfügen. Dadurch sind effizientere Einigungsverfahren möglich sowie eine höhere Sicherheit und Leistung – ohne auf ein verteiltes System zu verzichten. Dies ist für viele Unternehmen eine wichtige Voraussetzung, um eigene Anwendungen auf Basis der Blockchain-Technologie zu starten.

4.6.4 Lessons Learned

Die Post steht seit jeher für den vertraulichen und zuverlässigen Transport von Informationen. Blockchain bietet das Potenzial, digitale Prozesse im Kerngeschäft der Post (z. B. in der Logistik und im Finanzbereich) noch sicherer, einfacher und nachweisbarer zu machen. Diesen Nutzen will die Post für sich und ihre Kunden erschließen. Die ersten Rückmeldungen der Kunden zum Angebot Thermo-Monitoring in Paketen sind positiv, so dass bereits weitere Anwendungen geplant sind. Auch PostFinance zieht eine positive Bilanz nach der Pilotphase. Sie plant, ihr Produkt demnächst zu lancieren.

Laut Guinard (2017) haben sich nur wenige Technologien so schnell entwickelt wie Blockchain. Auf lange Sicht hat sie das Potenzial, eine Reihe von Märkten zu revolutionieren, insbes. auch die der smarten und kognitiven Städte. Diese setzen verstärkt und in allen Bereichen vernetzte Dinge ein, um alle Bürger zu erreichen. Die vernetzten Geräte und Objekte müssen jedoch in der Lage sein, autonom und dynamisch zu arbeiten und sich an sich schnell ändernde Gegebenheiten anzupassen. IoT wird nur mit Dezentralisierung und Autonomie nachhaltig sein (vgl. dazu von der Malsburg 2001). Insofern Blockchain eine autonome Kommunikation zwischen den Geräten/Objekten anbietet, könnte sie zur Dezentralisierung des IoT und deshalb der Smart/Cognitive City beitragen, indem sie auf widerstandsfähige globale Netzwerke statt auf eine Handvoll zentraler Plattformen aufbaut.

Zu beachten ist, dass das Potenzial von Blockchains für Smart/Cognitive Cities zwar unbestreitbar hoch ist, Blockchains jedoch noch in den Anfängen stecken (Guinard 2017). Daher ist es sinnvoll, mit hybriden Architekturen zu beginnen, bei denen Daten aus zentralisierten Systemen auf Blockchains ausgetauscht und genutzt werden können. Hierbei ist es zum einen wichtig, jene Teilbereiche zu identifizieren, in denen zentralisierte Lösungen durch neue verteilte Ledger-Technologien ersetzt werden könnten. Zum anderen ist darauf zu achten, das IoT mit Mechanismen aufzubauen, die eine spätere Anpassung der Blockchains erlauben.

4.6.5 Ausblick

Wie wir soeben darlegten, funktionieren viele IoT-Anwendungsfälle in der Smart/Cognitive City noch ohne Blockchain (Guinard 2017). Deshalb empfiehlt es sich, vor einem allfälligen Einsatz abzuklären, wie es um das Vertrauen steht, ob Transaktionen mit mehreren Parteien notwendig sind oder ob dezentrale und verteilte Berechnungen anstehen. Es sollte dabei auf alternative Implementierungen wie private Blockchains geachtet werden. Dezentralisierung kann im Smart/Cognitive-City-Kontext vorerst noch warten, die Digitalisierung der physischen Welt eher nicht. Experten schätzen hierzu, dass bis zu 90 % der Blockchain-basierten Pilotprojekte in den nächsten Jahren scheitern (Guinard 2017). Während sich die Unreife einer Technologie in Abstraktionsschichten der digitalen Welt noch verbirgt, können wir Aktualisierungszyklen, physische

Beschränkungen oder Sicherheitsvorschriften in der realen Stadtwelt nicht ignorieren.

Blockchains stecken für Smart/Cognitive Cities noch in den Kinderschuhen und sind noch nicht produktionsreif. Ihre aktuelle Entwicklung hat hingegen einen direkten Einfluss auf die Welt außerhalb der Forschung (wie z. B. die Logistik-, Energie- und Finanzwelt), wie wir in Abschn. 4.6.3 aufzeigten. Die Fahnenträger dieser neuen Technologien sind nicht naiv und erkennen, dass diese noch nicht in der Lage sind, lückenlos zum Einsatz zu kommen. Vor einer Verbreitung im großen Stil stehen demnach eine Reihe von Herausforderungen, darunter Skalierbarkeit und Energieverbrauch.

Eine Möglichkeit damit umzugehen, könnte die Orientierung an der Natur sein. Von der Malsburg (2001) orientiert sich dabei mit der Metapher des elektronischen Organismus an der Biologie und der Natur. Sein Forschungsprogramm richtet sich daran aus, die Organisationsprinzipien lebender Zellen auf Informationssysteme anzuwenden. Um sparsam mit Energie umzugehen, könnte man sich also ein Beispiel an biologischen und natürlichen Protokollen, wie z. B. der Pheromonspur von Ameisen, nehmen. Solche „Ameisenalgorithmen" sind Gegenstand des Soft Computings (vgl. Portmann 2018). Gemäß von der Malsburg (2001) besteht ein sich organisierendes Gebilde (wie ein Ameisenhaufen) aus vielen Einzelelementen, die in natürlicher Art und Weise miteinander wechselwirken. Der Organisationsprozess ist zuerst chaotisch, aber aus dem Chaos erwachsen globalgeordnete Strukturen. Man spricht in diesem Zusammenhang von Emergenz. Die emergenten Strukturen können sich durch besonders widerspruchsfreie Anordnung ihrer Elemente (im Sinne einer herrschenden Wechselwirkung) auszeichnen, der sogenannten Selbstorganisation. Wegen der gegenwärtig schnell voranschreitenden Entschlüsselung des Genoms vieler Organismen, so glauben wir, sollte einer biologischen Erweiterung der Blockchain nichts im Wege stehen.

Danksagung: Im Gegensatz zu Chuck Norris, der seinen eigenen Elfmeter halten kann, ist dieser Abschnitt ein Gemeinschaftswerk. Die Autoren danken hier deshalb all ihren Kollegen für die zahlreichen Vorschläge, die dieses Kapitel nach und nach verbesserten. Namentlich trugen Astrid Habenstein und Sarah Camenisch wesentlich zum Gelingen bei.

Literatur

Antonopoulos, A.: Mastering Bitcoin. Mastering Bitcoin: Programming the Open Blockchain. O'Reilly, Sebastopol (2018)

Asmundson I., Oner C.: What is money? Finance & Development, International Monetary Fund, **49**(3) (2012)

Balch O.: Buen vivir: the social philosophy inspiring movements in South America. The Guardian, 2013. Bashir I.: Mastering Blockchain – Deeper insights into Decentralization, Cryptography, Bitcoin, and Popular Blockchain Frameworks. Packt Publishing Ltd., Birmingham (2017)

Beutelspacher, A., Schwenk, J., Wolfenstetter, K.-D.: Moderne Verfahren der Kryptographie – von RSA zu Zero Knowledge. Springer, Heidelberg (2015)

Chaum D.: Blind signatures for untraceable payments. In: Chaum D., Rivest R.L., Sherman A.T. (Hrsg.) Advances in Cryptology. Proc. of Int. Conf. CRYPTO'82, Santa Barbara, CA, USA, August 23–25, 1982, Plenum Press, New York, S. 199–203

Côrte-Real, P.: Fuzzy Voters, crisp votes. Int. Game Theory Rev. **9**(1), 67–86 (2007)

Delaune, S., Kremer, S., Ryan, M.: Verifying privacy-type properties of electronic voting protocols. In: Chaum, D., Jakobsson, M., Rivest, F.L., Ryan, P.A., Benaloh, J. (Hrsg.) Towards Trust-worthy Elections – New Directions in Electronic Voting, S. 274–288. Springer Publisher, Berlin (2010)

Der U., Jähnichen S., Sürmeli J.: Selbstverwaltete digitale Identitäten – Chancen und Herausforderungen für die weltweite Digitalisierung. Digitalisierung im Spannungsfeld von Politik, Wirtschaft, Wissenschaft und Recht, Bd. 2. Springer Gabler, Berlin, Heidelberg (2018)

Duivestein S., van Doorn M., van Manen T., Bloem J., van Ommeren E.: Design to Disrupt. Blockchain, 2015, cryptoplatform for a frictionless economy. https://www.ict-books.com/topics/vint-report-d2d3-en-info. Zugegriffen: 6. Jan. 2019

Erlinghagen S., Markard J.: Smart grids and the transformation of the electricity sector: ICT firms as potential catalysts for sectoral change. Energy Policy **51**, 895–906 (2012). https://doi.org/10.1016/j.enpol.2012.09.045. Zugegriffen: 17. Jan. 2019

Ethereum 2018: ERC20 Token Standard. https://theethereum.wiki/w/index.php/ERC20_Token_Standard. Zugegriffen: 17. Jan. 2019

Exergy 2018: Business Whitepaper. https://exergy.energy/wp-content/uploads/2018/04/Exergy-BIZWhitepaper-v10.pdf. Zugegriffen: 3 Jan. 2018

Fill H.-G., Meier A. (Hrsg.): Blockchain – Grundlagen, Anwendungsszenarien und Nutzungspotenziale. Edition HMD, Springer, Heidelberg (2020) (erscheint)

Finger M., Portmann E.: What are cognitive cities? In: Portmann E., Finger M. (Hrsg.) Towards Cognitive Cities. Studies in Systems, Decision and Control, Bd. 63. Springer, Cham (2016)

Friedman M.: The Island of Stone Money. Hoover Institution Working Paper No. E-91–3. (1991)

Geels F.W.: Regime Resistance against Low-Carbon Transitions: Introducing Politics and Power into the Multi-Level Perspective. Theory, Cult. Soc. **31**, 21–40. https://doi.org/10.1177/0263276414531627 (2014). Zugegriffen: 17. Jan. 2019

Gharavi H., Ghafurian R.: Smart Grid: The Electric Energy System of the Future. Proceedings of the IEEE **99**(6) (2011)

Goodchild M.F: GeoJournal **69**, 211. https://doi.org/10.1007/s10708-007-9111-y (2007). Zugegriffen: 20. Juni 2019

Goranovic A., Meisel M., Fotiadis L., Wilker S., Treytl A., Sauter T.: Blockchain applications in microgrids – an overview of current projects and concepts. Proc. IECON 2017–43rd Annual Conference of the IEEE Industrial Electronics Society, Beijing, China. https://doi.org/10.1109/iecon.2017.8217069

Guinard D.: The Ledger of Every Thing: What Blockchain Technology Can (and Cannot) Do for the IoT. Foreword by Don Tapscott, Blockchain Research Institute, 22 Nov. 2017, rev. 22 June 2018. https://evrythng.com/wp-content/uploads/2018/11/The-Ledger-of-Every-Thing_-What-Blockchain-Technology-Can-and-Cannot-Do-for-the-IoT-1.pdf. Zugegriffen: 14. Juni 2019

Hahn C, Wons A.: Initial Coin Offerings (ICO). Springer, essentials, Heidelberg (2018)

Hardwick F.S., Gioulis A., Akram R.N., Markantonakis K.: E-Voting with Blockchain – An E-Voting Protocol with Decentralisation and Voter Privacy. https://arxiv.org/abs/1805.10258 (2018). Zugegriffen: 4. Febr. 2019

Härer, F., Fill, H.-G.: Decentralized Attestation of Conceptual Models Using the Ethereum Blockchain. 21st IEEE International Conference on Business Informatics, Moskau, IEEE (2019a)

Härer, F., Fill, H.-G.: A Comparison of Approaches for Visualizing Blockchains and Smart Contracts. In: Jusletter IT Weblaw, 21 February 2019, ISSN: 1664-848X. https://doi.org/10.5281/zenodo.2585575. (2019b)

Härer, F.: Decentralized Process Modeling and Instance Tracking Secured By a Blockchain. In: Proceedings of the 26th European Conference on Information Systems (ECIS). Portsmouth, UK (2018)

Hein, C., Wellbrock, W., Hein, C.: Rechtliche Herausforderungen von Blockchain-Anwendungen: Straf-, Datenschutz- und Zivilrecht. Springer Gabler, Wiesbaden (2019)

Hojčková K., Sandén B., Ahlborg H.: Three electricity futures: Monitoring the emergence of alternative system architectures. Futures **98**, 72–89. https://doi.org/10.1016/j.futures.2017.12.004 (2018). Zugegriffen: 17. Jan. 2019

Hughes A., Sporny M., Reed D.: A Primer for Decentralized Identifiers. W3C Draft Community Group Report. https://w3c-ccg.github.io/did-primer/ (2019). Zugegriffen: 19. Juni 2019

Hurwitz, J.S., Kaufman, M., Bowles, A.: Cognitive Computing and Big Data Analytics. Wiley, Indianapolis (2015)

Kaskina A.: A Fuzzy-Based User Privacy Framework and Recommender System – Case of a Platform for Political Participation. PhD Thesis, Faculty of Science, University of Fribourg (2018)

Ladner A., Meier A.: Digitale politische Partizipation – Spannungsfeld zwischen MyPolitics und OurPolitics. HMD Z. Wirtschaftsinf. **51**(6), 867–882. (2014) (Springer, Heidelberg)

Liu Y., Wang Q.: An E-Voting Protocol Based on Blockchain. IACR Cryptology ePrint Archive. https://eprint.iacr.org/2017/1043.pdf (2017). Zugegriffen: 4. Febr. 2019

McConaghy T., Holtzman D.: Towards an Ownership Layer for the Internet. ascribe GmbH (2015)

McCorry P., Shahandashti S.F., Hao F.: A Smart Contract for Boardroom Voting with Maximum Voter Privacy. https://www.researchgate.net/publication/317843497_A_Smart_Contract_for_Boardroom_Voting_with_Maximum_Voter_Privacy (2017). Zugegriffen: 4. Febr. 2019

Meier, A., Teran, L.: eDemocracy & eGovernment – Stages of a Democratic Knowledge Society. Springer, Heidelberg (2019)

Meier A., Kaskina A., Teran L.: Politische Partizipation – eSociety anders gedacht. HMD Zeitschrift der Wirtschaftsinformatik **55**(3) 614–626 (2018) (Springer, Heidelberg)

Mengelkamp E., Gärttner J., Rock K., Kessler S., Orsini L., Weinhardt C.: Designing microgrid energy markets – A case study: The Brooklyn Microgrid. Appl. Energy **210**, 870–880. http://dx.doi.org/10.1016/j.apenergy.2017.06.054 (2018). Zugegriffen: 17. Jan. 2019

Metzger, S., Portmann, E., Finger, M., Habenstein, A., Riedle, A., Witschi, R.: Human Smart City – der Mensch im Zentrum. Transform Cities **1**, 62–67 (2018)

Mihaylov M., Razo-Zapata I., Rădulescu R., Nowé, A.: Boosting the Renewable Energy Economy with NRGcoin. Proceedings of the 4th International Conference on ICT for Sustainability (ICT4S), Amsterdam, The Netherlands (2016)

Monti A., Ponci F.: Electric power systems. In: E. Kyriakides, M. Polycarpou (Hrsg.) Intelligent Monitoring, Control, and Security of Critical

Infrastructure Systems. Studies in Computational Intelligence, Bd. 565, Springer, Heidelberg (2015)
Nakamoto S.: Bitcoin – A Peer-to-Peer Electronic Cash System. https://bitcoin.org/bitcoin.pdf (2008). Zugegriffen: 7. Mai 2018
O'Dwyer R.: Producing artificial scarcity for digital art on the blockchain and its implications for the cultural industries. Converg. Int. J. Res. New Media Technol. **1**(21) (2018)
Parag Y., Sovacool B.K.: Electricity market design for the prosumer era. Nature Energy **1**, 16032. https://doi.org/10.1038/nenergy.2016.32 (2016). Zugegriffen: 17. Jan. 2019
Pfäffli M., Habenstein A., Portmann E., Metzger S.: Eine Architektur zur Transformation von Städten in Human Smart Cities. HMD Z. Prax. Wirtschaftsinf. **55**(5) 1006–1021 (2018)
Poon J., Dryja T.: The Bitcoin Lightning Network: Scalable Off-Chain Instant Payments. https://lightning.network/lightning-network-paper.pdf (2016). Zugegriffen: 11. Juni 2019
Portmann E.: Wozu ist Soft Computing nützlich? Reflexionen anhand der Smart-City-Forschung. HMD Z. Wirtschaftsinf. **55**(3), 496–509 (2018). (Springer, Heidelberg)
Portmann E., Finger M.: Smart Cities – Ein überblick! HMD Z. Wirtschaftsinf. **52**(4), 470–481 (2015). (Springer, Heidelberg)
Portmann E., Meier A.: Fuzzy Leadership – Trilogie Teil I: Von den Wurzeln der Fuzzy-Logik bis zur smarten Gesellschaft. Springer, essentials, Heidelberg (2019)
Portmann E., Tabacchi M.E., Seising R., Habenstein A.: Designing Cognitive Cities. Studies in Systems, Decision and Control. Springer, Berlin (2019)
Prinz, W., Schulte, A.: Blockchain-Technologien. Forschungsfragen und Anwendungen. Fraunhofer Positionspapier, Sankt Augustin (2017)
Schaub H.-P.: Landsgemeinde oder Urne – was ist demokratischer? Ein Vergleich der demokratischen Qualitäten von Urnen- und Versammlungsdemokratien in den Schweizer Kantonen. Dissertation der Universität Bern (2014)
Smith A., Raven R.: What is protective space? Reconsidering niches in transitions to sustainability. Res. Policy **41**, 1025–1036. https://doi.org/10.1016/j.respol.2011.12.012 (2012). Zugegriffen: 17. Jan. 2019
Stoilov, R.: Solidity Smart Contracts: Build DApps In Ethereum Blockchain. Unibul Press Ltd., Sofia (2019)
Tarasov, P., Tewari, H.: The Future of E-Voting. IADIS Int. J. Comput. Sci. Inf. Syst. **12**(2), 148–165 (2017)
Teufel, S., Teufel, B.: The Crowd Energy Concept. J. Electron. Sci.Technol. **13**(3), 1–6 (2014)
Von der Malsburg C.: Zelle, Gehirn, Computer, und was sie sich zu erzählen haben. In Festvortrag zur Verleihung der Ehrenbürgerwürde der Ruhr-Universität Bochum an Manfred Eigen (2001)

Von Perfall A., Utescher-Dabitz T.: Blockchain Radar – Energie & Mobilität. PricewaterhouseCoopers und Bundesverband der Energie- und Wasserwirtschaft e. V. https://www.pwc.de/de/energiewirtschaft/digitalisierung-in-der-energiewirtschaft/blockchain-in-der-energiewirtschaft.html (2018). Zugegriffen: 6. Jan. 2019

Wilke G., Portmann E.: Granular computing as a basis of human–data interaction: a cognitive cities use case. Granular Comput. **3**, 181–197 (2016). https://link.springer.com/article/10.1007/s41066-016-0015-4

Wood G.: Ethereum: A secure decentralised generalised transaction ledger. Ethereum Project Yellow Paper 151 (2014)

Yu B., Liu J., Sakzad A., Nepal S., Steinfeld R., Rimba P., Au M.H.: Platform-Independent Secure Blockchain-Based Voting System. https://eprint.iacr.org/2018/657.pdf (2018). Zugegriffen: 4. Febr. 2019

Zehnder S.: Blockchain – ein Hype? Energeia – Magazin des Bundesamts für Energie BfE, No. 3, 8–9. (2017)

Zhao Z., Chan T.H.H.: How to vote privately using bitcoin. Proceedings of the International Conference on Information and Communications Security, S. 82–96. Springer, Heidelberg (2015)

Rechtliche Fragen

5

Mark Fenwick und Stefan Wrbka

Zusammenfassung

Das vorliegende Kapitel beschäftigt sich mit rechtlichen Fragen rund um Blockchain-Technologien. Der Hauptfokus liegt dabei auf drei Detailthemen: „Intelligente Verträge" (Smart Contracts), Kryptoobjekte im weiteren Sinne sowie regulatorische Experimente bzw. Instrumente, um Rechtskonformität und Rechtssicherheit zu gewährleisten. Die Ausführungen zeigen das Spannungsverhältnis zwischen dem Wunsch nach technologischer Weiterentwicklung und dem Prinzip der Rechtsstaatlichkeit.

Die Genese von Blockchain-Technologien führt zu einer Situation, welche Gesetzgeber, regulatorische bzw. administrative Einrichtungen, die Rechtsprechung und die Anwaltschaft zunehmend vor Herausforderungen stellt (Hein et al. 2019). Blockchain-Technologien sind charakterisiert durch rapide technische Weiterentwicklungen, eine Vielzahl an Applikationen mit Schnittstellen zu unterschiedlichsten wirtschaftlichen Sektoren, einer großen Zahl an Akteuren, Unsicherheiten in Bezug auf mögliche Risiken und Vorteile sowie durch Bedenken aus Sicht der menschlichen Gesundheit, der Umwelt und der Ethik (De Filippi und Wright 2018).

H.-G. Fill und A. Meier, *Blockchain kompakt,* IT kompakt,
https://doi.org/10.1007/978-3-658-27461-0_5

Insbesondere angesichts der Komplexität und Unsicherheit gestalten sich Regulierungsversuche der Legislative und Exekutive sowie die Bemühungen von Rechtsanwälten, eine zuverlässige und zutreffende Rechtsberatung zu bieten, zunehmend schwieriger. Wir konzentrieren uns in diesem Kapitel auf zwei wesentliche Bereiche, welche mit dem Aufkommen der Blockchain-Technologie in einem engen Kontext stehen – sog. „intelligente Verträge“ (Abschn. 5.1) und Kryptoobjekte (Abschn. 5.2). Abgerundet wird dies von generellen Anmerkungen zu den rechtlichen Herausforderungen des raschen technologischen Wandels unter dem Schlagwort „regulatorische Experimente“ (Abschn. 5.3).

5.1 Smart Contracts

Ein „intelligenter Vertrag“ – in weiterer Folge „Smart Contract“ genannt – kann als Computercode verstanden werden, der den gesamten Vertrag bzw. Teile davon automatisch ausführt oder „begleitet“ und auf einer Blockchain-basierten Plattform gespeichert wird (Fries und Paal 2019; Corralles et al. 2019). Die zugrundeliegende Automatisierung wird durch einen Computercode erreicht, welcher die Vertragserfüllung in einer „Internet der Dinge“-Umgebung (Internet of Things oder IoT) überwacht, in welcher verschiedene digitale Instrumente und Prozesse miteinander verbunden sind (Sassenberg und Faber 2017).

Smart Contracts verfolgen dabei insbesondere zwei Strategien – die Sicherstellung von Vertragserfüllungen und die mögliche Verhängung von „Zwangsmaßnahmen“, sollten objektiv festlegbare bzw. überprüfbare Kontrollpunkte von einer Vertragspartei nicht eingehalten werden. Der Computercode kann im Fall der Fälle gewünschte Folgen technisch unkompliziert der Anweisung „Sollte X nicht eintreten, soll Y ausgeführt werden“ folgend eintreten lassen. Menschliches Eingreifen ist dabei nicht mehr erforderlich, sobald der Smart Contract vollständig automatisiert ist. Ausführungs- und mögliche Durchsetzungskosten könnten damit erheblich reduziert werden. Dieser Vertrags- bzw. Prozesstypus ist gemeinhin als „Code-only Vertrag" bekannt.

Das Beispiel eines Autokredits verdeutlicht dies anschaulich. Sollte der Kreditnehmer mit der Zahlung einer Kreditrate in Verzug geraten, könnte dies mithilfe einer Blockchain-basierten Technologie zu einer (zumindest vorübergehenden) Unterbrechung der faktischen Benutzbarkeit des Autos führen. Vertragsrechtliche Ansprüche könnten auf diesem Weg mittels vernetzter Technologien durchgesetzt bzw. abgesichert werden, ohne dass dies das Einschreiten einer Mahnstelle oder gar eines Gerichts erforderlich macht. Aus Sicht von Effizienz, Kosten- und Zeitersparnis wären solche Verträge bzw. Konstruktionen zu begrüßen.

Der Terminus „Smart Contract" kann aber auch für jene Vertragsfälle verwendet werden, in welchen herkömmliche textbasierte Verträge bzw. Vertragsteile mit einzelnen der ebengenannten Code-only Vertragselemente verbunden werden. Letztere werden dann wiederum – wie oben beschrieben – insbesondere für die Supervisierung und allfällige Durchsetzung der Vertragspflichten verwendet. Die Vertragserrichtung selbst geschieht in diesen Fällen jedoch noch auf traditionelle Art und Weise. Man kann diese Mischverträge auch als eine Art Hybridverträge bezeichnen, welche Elemente sowohl herkömmlicher als auch von Code-only Verträgen enthalten. Der Einfachheit halber kann man die Code-only Vertragselemente in diesem Fall lediglich als technische „Hilfskomponente" oder „Zusatzvereinbarung" zum Hauptvertrag verstehen (ancillary smart contract; Levi und Lipton 2018), jedenfalls dann, wenn die Hauptvertragspunkte auf herkömmliche Art und Weise Vertragsbestandteile wurden.

Bei beiden Smart Contract-Formen stellt sich die allgemeine Frage, ob sie überhaupt rechtsverbindlich und durchsetzbar sind. So man grundsätzlich von einer Übereinstimmung ausreichend bestimmter bzw. bestimmbaren Willenserklärungen in Form eines rechtlich relevanten Angebots und einer Annahme ausgehen kann, wird diese Frage prinzipiell zu bejahen sein – unabhängig davon, welche konkrete Form der betreffende Vertrag darstellt. Smart Contracts unterscheiden sich diesbezüglich nicht von rein herkömmlichen Verträgen. Ausnahmen könnten derzeit, d. h. in Ermangelung legislativer Anpassungen, lediglich in jenen eher seltenen Fällen gesehen werden, in welchen es für die Vertragserrichtung einer bestimmten Form bedarf, die durch einen vollständig automatisierten, Code-only Technologie gestützten Mechanismus nicht gewahrt werden kann.

Der Aufstieg der Smart Contracts birgt trotz seiner möglichen Vorteile jedoch auch einiges an Gefahrenpotenzial. Zu den zentralen Herausforderungen aus rechtlicher Sicht zählen dabei insbesondere folgende Punkte:

Codierte Begriffe verstehen
Die Verwendung von Blockchain-basierter Technologie zur Realisierung von Smart Contracts kann zu einem komplexen Mehrpersonenverhältnis bzw. zu einer komplexen Abhängigkeit der Vertragsparteien von dritten Personen führen. Bei der Abwicklung von Smart Contracts wird es zum einem darauf ankommen, wie relevante Vertragsbegriffe „vercodet" werden, zum anderen kann die verwendete Technologie selbst die Vertragsparteien vor eine gewisse Herausforderung stellen. So wird die potenzielle Erleichterung der Vertragserfüllung mittels automatisierter Prozesse durch eben diese eventuell wieder erschwert, mögliche Vorteile somit wieder aufgehoben. In einem traditionellen Vertragsverhältnis etwa bleibt es den Vertragsparteien überlassen, Vertragsbegriffe (von zwingenden Bestimmungen abgesehen) autonom zu definieren – unter Umständen unter Zuhilfenahme von anwaltlichem Rat. Werden ein Vertrag oder einzelne seiner Bestandteile nun in automatisierten Codes ausgedrückt, kann es den Vertragsparteien, möglicherweise involvierten Anwälten, aber auch den Programmierern am exakten Verständnis wesentlicher, in Blockchains umgesetzter Vertragstermini und deren Umsetzung fehlen (Fenwick et al. 2019). Um dieser Gefahr entgegenzusteuern, bedarf es zum einen einer eingehenden Aufklärung der die Programmierung durchführenden dritten Person, damit diese den Code „richtig", d. h. den Parteienvorstellungen entsprechend, konzipiert. Nähere Begriffsdefinitionen enthaltende Form- bzw. Informationsblätter könnten dabei von hohem Mehrwert sein

(Mlynar 2016). Zum anderen bedarf es eines genauen, persönlichen Austauschs zwischen dem Programmierer und Vertragsparteien, um sicherzustellen, dass die Automatisierung eine Vereinfachung schafft, welche inhaltlich mit dem Parteiwillen übereinstimmt. Nicht zu unterschätzen ist das Erfordernis, mit dem Programmierer bzw. dem Anbieter der Smart-Contract-Plattform passende Vereinbarungen abzuschließen, um sich gegen mögliche, aus „fehlerhaften" oder falsch übersetzten Smart Contract-Codes resultierende Haftungsrisiken abzusichern.

Off-Chain-Ressourcen
Viele Smart Contracts benötigen Informationen, die nicht in der Blockchain selbst gespeichert sind – sogenannte „Off-Chain-Ressourcen". Nehmen wir als Beispiel einen Versicherungsvertrag, welcher eine Zahlung an den Versicherungsnehmer verspricht, für den Fall, dass ein Flug mehr als zwei Stunden Verspätung hat. Die tatsächliche Verspätung selbst kann logischerweise im Vorhinein – quasi „hellseherisch" – nicht auf der Blockchain selbst gespeichert sein. In solchen Fällen bedarf es eines sogenannten „Orakels", also dritter Personen, welche Off-Chain-Informationen sammeln und diese dann an die Blockchain weitergeben. In unserem Beispiel würde das Orakel mögliche Flugverspätungen registrieren und eine solche dann an die Blockchain weitergeben, wodurch ein automatischer Auszahlungsprozess ausgelöst werden würde. Jedoch bedeutet die Beauftragung eines Orakels die Hinzuziehung einer weiteren Person, mit welcher die Vertragsparteien in eine direkte oder indirekte Vertragsbeziehung treten müssen, um eine Automatisierung zu ermöglichen. Auch dieser Umstand, d. h. die möglicherweise notwendige Einbeziehung von Off-Chain-Ressourcen, kann mögliche Vorteile von Smart Contracts negativ kompensieren. So könnte das Orakel technischen Problemen ausgesetzt und nicht in der Lage sein, seine Informationen sachgerecht in das System einzuspeisen. Aber auch die weitergegebenen Daten selbst könnten fehlerhaft sein und unkontrolliert in die Blockchain übertragen werden. Auch sind Fälle denkbar, in welchen das Orakel seinen Betrieb einstellt,

wodurch die automatisierte Vertragsabwicklung rein faktisch nicht mehr möglich wäre. Smart Contracts bzw. deren Verwender müssen diese Gefahren erkennen, und Mechanismen müssen geschaffen werden, um diesen möglichen Hindernissen bzw. Komplikationen vorzubeugen und entgegenzusteuern (Molina-Jimenez et al. 2018).

Änderung automatisierter Vereinbarungen

Ein wesentlicher Vorteil von Code-only basierten Smart Contracts ist, dass mit ihnen Transaktionen automatisch abgewickelt werden können, ohne dass bei der Abwicklung das Eingreifen einer Person erforderlich ist. Diese Automatisierung und die Tatsache, dass Smart Contracts nicht ohne Weiteres bzw. nicht ohne „menschliche Hilfe" geändert oder modifiziert werden können, wenn dies bei der Erstellung des Codes nicht ausreichend berücksichtigt wurde, schaffen jedoch zusätzliche Herausforderungen (Levi und Lipton 2018). Bei traditionellen Verträgen kann eine Partei bei einer Vertragsverletzung einen Verstoß gegen Vertragsbestimmungen entweder ahnden oder entschuldigen, indem sie von einer „Bestrafung" absieht. Wenn etwa ein wichtiger oder langjähriger Kunde mit einer Zahlung in Verzug gerät, könnte es im Interesse des Gläubigers sein, der Wahrung der Geschäftsbeziehung Priorität vor der Verhängung etwaiger Vertragssanktionen einzuräumen. Bei traditioneller Vertragsabwicklung ist das einfach handhabbar. Im Fall von Smart Contracts ist ein solcher (autonomer) Entscheidungsprozess in der Regel nicht vorgesehen. Ein Zahlungsverzug würde hier wohl zu einer automatischen Sanktionierung oder zur automatischen Kündigung der Vertragsbeziehung, oftmals in Verbindung mit einem Ende der Benutzbarkeit IoT-verbundener Geräte bzw. Prozesse, führen. Der automatisierte Charakter von Smart Contracts steht somit mit dem Wunsch nach einer zunehmenden Flexibilisierung der Wirtschaft möglicherweise in einem gewissen Spannungsverhältnis. Flexible Handlungsweisen zu integrieren würde sicherlich zu einem technischen Mehraufwand führen. Etwaige resultierende Mehrkosten bzw. Zeitverluste könnten die möglichen Vorteile von Smart Contracts überwiegen.

Zusammengefasst lässt sich sagen, dass Smart Contracts ein großes Potenzial zur Revolutionierung des Vertragswesens aufweisen, insbesondere dort, wo es eine Vielzahl an inhaltsgleichen bzw. -ähnlichen Verträgen gibt. Vor allem aus Sicht der kosteneffizienten Durchsetzbarkeit von Vertragspflichten ist dieser mögliche Mehrwert nicht abzustreiten. Herkömmliche rechtliche Überlegungen können – jedenfalls im Wege einer analogen Anwendung – Antworten dort liefern, wo die grundsätzliche Thematik starke Parallelen zu Überlegungen im Zusammenhang mit konventionellen Vertragskonstruktionen aufweist. Jedoch besteht immer noch ein hoher Grad an Unsicherheit in Verbindung mit unterschiedlichen Herausforderungen, den bzw. die es zu adressieren bedarf, bevor bedenkenlos auf die Verwendung von Smart Contracts gesetzt werden darf.

5.2 Kryptoobjekte

Eine weitere wichtige Anwendung von Blockchain-Technologien gibt es im Zusammenhang mit digitalen Währungen bzw. Objekten – den sogenannten „Kryptoobjekten" (Sixt 2017). Eine aus rechtlicher Sicht wichtige Frage ist dabei, ob (und gegebenenfalls unter welchen Bedingungen) man Kryptoobjekte als Wertpapiere einstufen darf bzw. muss. Diese Frage ist deswegen von Bedeutung, weil es im Fall, dass sie als Wertpapiere anzusehen sind, zu einer Anwendung (teilweise signifikant strenger) wertpapierrechtlicher Vorschriften käme (Hofert 2018).

Ein praxisrelevanter Fall kann etwa im Zusammenhang mit Initial Coin Offerings (ICOs) gesehen werden, welche der erstmaligen Kapitalaufbringung und -aufnahme von neuen Unternehmen dienen (Kaal 2018). In der Praxis geschieht dies in der Regel über den Erwerb von Kryptoobjekten mittels Crowd Funding (bzw. Crowd Funding ähnlichen) Prozessen, welche auf Blockchain-basierten Technologien beruhen. Sollte man in dieser Konstellation von der Ausgabe von Wertpapieren ausgehen müssen, kämen – wie bereits indiziert – mitunter strenge Regularien (etwa in Hinblick auf die Registrierung und Informationsweitergabe bzw. -transparenz) zum Tragen. Auch Bestimmungen zur Vorbeugung vor Wertpapierbetrug (z. B. im Zusammenhang mit Insider Trading) oder Vorsichtsmaßnahmen gegen mögliche Geldwäsche („Know Your Customer"-Bestimmungen; KYC-Bestimmungen) wären von großer Relevanz. Ähnlich wie bei Smart Contracts sind die rechtlichen Risiken dabei erheblich.

In der Praxis können diese Fragestellungen insbesondere deshalb herausfordernd sein, weil es am Markt verschiedene Typen von Blockchain-basierten Kryptoobjekten gibt, welche sich durch teilweise signifikant unterschiedliche Attribute bzw. Kennzeichen voneinander abgrenzen (Berentsen und Schär 2017). Zu beachten ist, dass die Grenzen fließend sind. Die folgende Unterteilung in drei größere Gruppen soll zeigen, welche generellen Rechtsfolgen eine exakte, derzeit jedoch (noch) nicht bzw. nicht immer eindeutig mögliche Klassifizierung aus Sicht möglicher Rechtsfolgen (Wertpapier – ja oder nein) mit sich bringen kann:

Kryptowährungen im engeren Sinne (oder Exchange bzw. Payment Tokens)
Bei diesen Blockchain-basierten Kryptoobjekten, zu deren Vertretern etwa Bitcoin und Litecoin zählen, wird auf Verschlüsselungstechniken zurückgegriffen, um die Erzeugung von Währungseinheiten zu regulieren und den Geldtransfer zu verifizieren. Sie operieren unabhängig von einer nationalen Zentralbank und können zum Kauf und Verkauf von Waren und Dienstleistungen verwendet werden, werden aber wohl nicht als Wertpapiere im herkömmlichen Sinn anzusehen sein. In einem Versuch, das Problem extremer Kursschwankungen (Volatilität) von Kryptowährungen in den Griff zu bekommen (so wurde etwa Bitcoin im Dezember 2017 noch zu knapp USD 20.000 gehandelt, Anfang Februar 2019 fiel der Kurs auf etwa USD 6000), kommen in jüngerer Zeit als Sonderform von Kryptowährungen im engeren Sinn sogenannte „Stablecoins", wie etwa Tether, vermehrt zum Einsatz (Senner und Sornette 2018). Der Aussteller von Stablecoins sichert ihren Wert, indem er den entsprechenden Betrag zur Kursstützung bzw. -absicherung in einem äquivalenten Verhältnis in Form von stabileren Vermögenswerten, wie etwa herkömmlichen, nationalen Währungen oder Rohstoffen, hält. Da der zugrundeliegende Vermögenswert

vergleichsweise stabil ist, kann die Preisschwankung der entsprechenden Kryptowährung, d. h. der Stablecoins, stark reduziert werden. Natürlich spricht diese „Kursstützung" gegen die Idee von Kryptoobjekten als nichtstaatliche, globale Währung. Sie wird jedoch als Lösung für bzw. Abschwächung von Volatilitätsprobleme(n) angesehen, denen Kryptowährungen notwendigerweise ausgesetzt sind.

UtilityTokens

Mithilfe dieser Blockchain-basierten Kryptoobjekte, zu deren Vertretern unter anderem Ether oder Filecoin zählen, bekommt der Erwerber Zugriff auf Güter und Dienstleistungen, welche auf einer spezifischen Plattform angeboten werden. Utility Token werden zumeist verkauft, um Projekte gemeinsam genutzter Infrastrukturen zu finanzieren, welche ohne Finanzierungshilfe nicht realisiert werden können. Filecoin etwa generierte durch den Verkauf solcher Token über USD 250 Mio. Filecoin-Erwerbern wurde im Gegenzug Zugang zu einer dezentralisierten Cloud-Plattform in Aussicht gestellt (Higgins 2016). Utility Token, welche zur Finanzierung zukünftiger Einkäufe ihrer Erwerber ausgestellt werden, gelten möglicherweise nicht als Wertpapiere, weil sie „bloß" dazu dienen, einen späteren Kauf von Gütern bzw. Dienstleistungen zu erleichtern. Ausgeber von Utility Tokens bezeichnen entsprechende „Crowd Sales" oftmals als „Token Generierungsveranstaltungen" (token generation events; TGEs) bzw. „Token Verteilungsveranstaltungen" (token distribution events; TDEs), um – zwecks Vermeidung regulatorischer Belastungen – den Anschein zu vermeiden, es würde sich dabei um das Anbieten von Wertpapieren handeln. Entsprechende Szenarien können aber einiges an Verwirrung und Unklarheit stiften, weil der Handel von Utility Tokens auf Drittplattformen in Richtung Wertpapierhandel deuten könnte. Es wird daher wohl nur im Einzelfall beurteilbar sein, wie der konkrete Sachverhalt zu verstehen ist.

Security Tokens (bzw. Asset Tokens)

Bei diesen Blockchain-basierten Tokens handelt es sich um Unternehmensanteile, d. h. um den Erwerb von Venture-Kapital in

Verbindung mit möglichen zukünftigen Gewinnbeteiligungen. Security Tokens – zu deren Vertretern etwa Dezentralisierte Autonome Organisationen (DAOs) zählen – wirken wie traditionelle Wertpapiere und weisen große Ähnlichkeiten zu Wertpapieren auf und könnten Wertpapiergesetzen bzw. -regelungsmechanismen unterliegen. Das Unternehmen „The DAO", welches 2016 von Christoph Jentzsch in Deutschland an den Start gebracht wurde, gilt als Paradebeispiel solcher Tokens (Jentzsch 2016). Im Zeitraum vom 30. April bis 28. Mai 2016 verkaufte The DAO rund 1,15 Mrd. „DAO-Token" im Wert von etwa 12 Mio. Ether bzw. USD 150 Mio. The DAO wurde als eine neue Art von dezentralisiertem, Anleger-gesteuerten Risikokapitalfond konzipiert. Anleger investierten Geld und konnten danach mitbestimmen, welche Investitionen der Fond vornehmen sollte. The DAO verfügte über keine herkömmliche Managementstruktur bzw. über kein traditionelles Board of Directors. Der gesamte Lenkungsprozess wurde durch Abstimmungen über Blockchains gesteuert. Im Juni 2016 wurde das System gehackt und 30 % der Gelder gestohlen. Im Juli 2017 leitete die amerikanische Börsenaufsichtsbehörde (US Securities and Exchange Commission) eine Untersuchung ein und kam zu dem Schluss, dass es sich bei den The DAO Tokens um Wertpapiere handelte, deren Verkauf gegen US-amerikanische Wertpapiergesetze verstoßen hatte.

Die Rechtslage in Bezug auf Kryptoobjekte scheint allgemein nicht eindeutig zu sein bzw. es gibt einige Grenzfälle und Grauzonen. Im Januar 2019 etwa nahm die britische Finanzaufsichtsbehörde (Financial Conduct Authority; FCA) ausführlich zu den unterschiedlichen Gruppierungen Stellung. Sie deutete an, dass Kryptowährungen sowie Utility Tokens in der Regel außerhalb ihres Aufsichtsbereichs angesiedelt seien (Financial Conduct Authority 2018). Die Verwendung von Stablecoins könnte diese Situation jedoch verkomplizieren, insbesondere wenn es sich um die Bindung an reglementierte Rohstoffe handeln würde. Ebenso könnten Situationen, welche dem äußeren Erscheinungsbild nach eine Nahebeziehung zu Fondinvestments aufweisen, der FCA-Aufsicht unterliegen. Auch Anti-Geldwäsche-Bestimmungen und Terrorismusbekämpfungsregularien sollten jedenfalls Beachtung finden. Die FCA gab in diesem Kontext zu verstehen, dass sämtliche Personen, welche in Großbritannien in Anbietungsprozessen entsprechender Kryptoobjekte involviert sind, möglichen Lizenzierungsverfahren unterworfen sein könnten. Es kann aus diesen Ausführungen auch geschlossen werden, dass die Haltung in Bezug auf Security Tokens entsprechend streng ausfällt.

Zusammengefasst kann gesagt werden, dass sich dieser Rechtsbereich rasch (weiter) entwickelt und dass es, wie angedeutet, bei Kryptoobjekten zu rechtlichen bzw. regulatorischen Barrieren und Herausforderungen kommen kann. Viele Jurisdiktionen sehen dabei zwar ein großes wirtschaftliches Potenzial (Kaal 2018). Jedoch müssen politische Entscheidungsträger Vorsicht walten lassen, weil es sich bei Kryptoobjekten um eine äußerst agile Form von Kapital handelt, welches schnell in andere, attraktivere Jurisdiktionen abwandern kann. Dies führt zu einem Risiko globaler „Regulierungs-Arbitrage", in welcher die „bösartigsten" Akteure zu viel Freiheit und Einfluss auf die Funktionsweise und das Auftreten der Kryptoobjekt-Branche ausüben könnten.

5.3 Regulierungsdesigns

In Zeiten ständiger, komplexer und teils disruptiver technologischer Innovationen (wie etwa Blockchains), gestaltet sich die Wissensgewinnung und Entscheidungsfindung um das Was, Wann und Wie in Bezug auf mögliche regulatorische Eingriffe als zunehmend schwierig (Fenwick et al. 2018). Aufsichtsbehörden können sich in einer Situation befinden, in welcher sie der Meinung sind, zwischen rücksichtslosem Handeln (Regulierung ohne ausreichende Fakten) und Nichtstun (bloßem „Zusehen") wählen zu müssen. In einer solchen Situation wird zumeist Vorsicht Priorität über Risikobereitschaft eingeräumt. Solch vorsichtiges Handeln kann – aus Sicht neuer Technologien – jedoch als hemmend empfunden werden. In einem solchen Umfeld erscheint es schwierig, rechtzeitig und effizient auf dem Markt auftreten zu können.

Eine Option, welche einer solchen Lähmung entgegenzusteuern versucht, besteht in regulatorischen Experimenten (Moses 2013). So hat etwa im April 2016 die FCA mit der Ankündigung der Einführung „regulatorischer Sandkästen" Neuland betreten. Mit dem Sandkasten-Plan sollte es ausgesuchten Start-Ups, aber auch einigen etablierten Unternehmen, ermöglicht werden, neue Ideen, Produkte und Geschäftsmodelle im Bereich von FinTech möglichst ungehindert zu testen, ohne herkömmliche, mitunter signifikant strenge regulatorische Konsequenzen befürchten zu müssen. Viele dieser Technologien basieren auf Blockchains und zielen auf Finanzdienstleistungen ab, welche von Online-Krediten bis zu digitalen Währungen reichen. In der Praxis bedeutet das Sandkasten-Prinzip, dass grundsätzlich relevante Regeln und Regularien im konkreten Fall nicht anwendbar sind. Die Regulierungsbehörden zielen dabei auf Innovationsförderung, indem regulatorische Hemmnisse und Kosten für die Erprobung entsprechender Technologien vermindert bzw. gesenkt werden und gleichzeitig sichergestellt wird, dass – insbesondere mit Hilfe von umfassenden Aufklärungspflichten – Verbraucher nicht negativ beeinflusst werden.

Was regulatorische Sandkästen attraktiv macht, ist der Umstand, dass – soweit entsprechende Technologien breite Anwendung finden – betroffene Technologien Gegenstand von öffentlichen Diskussionen, Supervision und daraus resultierender Kontrolle werden. Durch die Beteiligung der Öffentlichkeit an Regulierungsdebatten kann dazu beigetragen werden, dass ein neues Legitimitätsgefühl in Bezug auf mögliche Regulierungsschritte geschaffen bzw. verankert wird. Der wohl größte greifbare Vorteil für Sandkasten-Unternehmen sind die Kontakte mit der Regulierungsbehörde und die dadurch nach außen tretende Glaubwürdigkeit, welche für potenzielle Kunden und Geldgeber positive Investitions- bzw. Gebrauchsanreize schaffen könnten.

Auf der anderen Seite kann man jedoch argumentieren, dass regulatorische Sandkästen ein „Zwei-Klassen-System" insbesondere in Bezug auf Start-Ups begründen, in dem diejenigen Unternehmen, die es in den Sandkasten schaffen, möglicherweise unfaire Vorteile aus weniger strengen regulatorischen Einbettungen sowie aus öffentlichkeitswirksamen Berichterstattungen ziehen können. Auch kann man die Frage stellen, ob Aufsichtsbehörden über die erforderlichen Fähigkeiten verfügen, um objektiv vertretbar entscheiden zu können, welches Geschäftskonzept als ausreichend innovativ für einen Eintritt in den Sandkasten gelten soll.

Als Alternative zu Sandkasten-Prozessen könnte man einen stärkeren bzw. offeneren Dialog zwischen Regulierungsbehörden und einer größeren Anzahl an Start-Ups, welche Unterstützung im komplexen Netz regulatorischer Vorgaben benötigen, forcieren. Dies kann etwa mit Hilfe von Innovationszentren *(innovation hubs)* realisiert werden, welche von sachlich zuständigen Behörden eingerichtet werden, um es Unternehmen zu ermöglichen, sich mit den Behörden in Bezug auf FinTech-Fragen in Verbindung zu setzen. Es bleibt jedenfalls abzuwarten, welche Richtung politische Entscheidungsträger in den nächsten Jahren einschlagen werden.

Literatur

Berentsen, A., Schär, F.: Bitcoin, Blockchain und Kryptoassets. Books on Demand, Norderstedt (2017)

Corrales, M., Fenwick, M., Haapio, H. (Hrsg.): Legal Tech, Smart Contracts & Blockchain. Springer, Singapore (2019)

De Filippi, P., Wright, A. (Hrsg.): Blockchain & the Law: The Rule of Code. Harvard University Press, Cambridge (2018)

Fenwick, M., Kaal, W.A., Vermeulen, E.P.M.: Regulation tomorrow: What happens when technology is faster than the law. Am. Univ. Bus. Law Rev. **6**, 561–584 (2018)

Fenwick, M., Kaal, W.A., Vermeulen, E.P.M.: Coding for lawyers. In: Madir, J. (Hrsg.) FinTech: Law and Regulation. Elgar, London (2019)

Financial Conduct Authority, Crypto Assets Taskforce: Final Report. (2018). https://assets.publishing.service.gov.uk/government/uploads/system/uploads/attachment_data/file/752070/cryptoassets_taskforce_final_report_final_web.pdf. Zugegriffen: 15. Febr. 2019

Fries, M., Paal, B.P. (Hrsg.): Smart Contracts: Schlaue Verträge?. Mohr Siebeck, Tübingen (2019)

Hein, C., Wellbrock, W., Hein, Ch.: Rechtliche Herausforderungen von Blockchain-Anwendungen: Straf-, Datenschutz- und Zivilrecht. Springer Gabler, Wiesbaden (2019)

Higgins S.: 256 Million US$ Filecoin Breaks All Records for ICO Funding. Coindesk. https://www.coindesk.com/257-million-filecoin-breaks-time-record-ico-funding (2016). Zugegriffen: 15. Febr. 2019.

Hofert, E.: Regulierung der Blockchains: Hoheitliche Steuerung der Netzwerke im Zahlungskontext. Mohr Siebeck, Tübingen (2018)

Jentzsch C.: Decentralized Autonomous Organization to Automate Governance. https://download.slock.it/public/DAO/WhitePaper.pdf (2016). Zugegriffen: 15. Febr. 2019

Kaal W.A.: Initial Coin Offerings: The Top 25 Jurisdictions and Their Comparative Regulatory Responses. CodeX: Stanford Journal of Blockchain Law & Policy; U of St. Thomas (Minnesota) Legal Studies Research Paper No. 18–07. https://ssrn.com/abstract=3117224 (2018). Zugegriffen: 15. Febr. 2019

Levi S. D., Lipton A. B.: An Introduction to Smart Contracts and Their Potential and Inherent Limitations. Harvard Law School Forum on Corporate Governance & Financial Regulation. https://corpgov.law.harvard.edu/2018/05/26/an-introduction-to-smart-contracts-and-their-potential-and-inherent-limitations/ (2018). Zugegriffen: 15. Febr. 2019

Molina-Jimenez C. et al.: On and Off Blockchain Enforcement of Smart Contracts, ARXIV. https://arxiv.org/pdf/1805.00626.pdf (2018). Zugegriffen: 15. Febr. 2019

Moses L. B.: How to think about law. Regulation and technology: Problems with ‚technology' as a regulatory target. Law, Innov. Technol. **5**, 1–20 (2013)

Mlynar T.: Smart Contracts Will Need Smart Term Sheets. Hogan Lovells Blockchain Blog. https://www.hoganlovells.com/blogs/blockchain-blog/smart-contracts-will-need-smart-term-sheets (2016). Zugegriffen: 15. Febr. 2019

Sassenberg T., Faber T. (Hrsg.): Rechtshandbuch Industrie 4.0 und Internet of Things: Praxisfragen und Perspektiven der digitalen Zukunft. Beck, München (2017)

Senner R., Sornette D.: The Holy Grail of Crypto Currencies: Ready to Replace Fiat Money? Forthcoming in the Journal of Economic Issues. https://ssrn.com/abstract=3192924 (2018). Zugegriffen: 15. Febr. 2019

Sixt, E.: Bitcoins und andere dezentrale Transaktionssysteme: Blockchains als Basis einer Kryptoökonomie. Springer Gabler, Wiesbaden (2017)

Kritische Einschätzung 6

Zusammenfassung

In diesem Kapitel wird eine kritische Einschätzung von Blockchains vorgenommen. Auch wenn Blockchains Vorteile bei der dezentralen, unveränderlichen und vertrauenswürdigen Speicherung von Daten bieten, ist der aktuelle Entwicklungsstand noch von verschiedenen Einschränkungen geprägt. Dazu werden neue Entwicklungen skizziert, die Lösungen für diese Einschränkungen bieten könnten. Dies betrifft unter anderem die Verarbeitungsgeschwindigkeit sowie die Problematik, Daten nicht aus Blockchains löschen zu können.

Die wesentliche Stärke der Blockchain ist die dezentrale Architektur. Keine zentrale Partei erhält die Kontrolle und der Ausfall eines Partners führt nicht zum Ende der Applikation. Jeder Partner im dezentralen Netzwerk kann die gesamten Daten der Blockchain vorrätig haben, wodurch eine verteilte Datenhaltung erreicht wird.

Eine weitere Stärke von Blockchain ist die Sicherheit vor nachträglichen Änderungen. Dabei bestimmen Konsensalgorithmen den Systemzustand unter Beteiligung des gesamten Netzwerks und verhindern so eine von einzelnen Akteuren ausgehende Abänderung gespeicherter Daten. Der durch diesen Konsens erreichte Zustand ist somit vertrauenswürdig für alle Teilnehmer, basierend auf den zugrundeliegenden mathematischen Verfahren.

H.-G. Fill und A. Meier, *Blockchain kompakt,* IT kompakt,
https://doi.org/10.1007/978-3-658-27461-0_6

Intermediäre, die diesen Zustand überwachen, sind somit nicht mehr notwendig. Allerdings schließt dies nicht das Vorhandensein von Fehlern und Sicherheitslücken im Quellcode aus, wie bei jedem Software-System.

Je nach Anwendung kann die Transparenz aller Transaktionen und Daten der Blockchain von Interesse sein. Wie beschrieben kann bei einer elektronischen Wahl mit Blockchain jeder Wähler verifizieren, dass seine Stimme gezählt wurde (vgl. Abschn. 4.5).

Je nach Sichtweise wird der anonyme Zugang zur Blockchain als Vorteil oder als Nachteil aufgefasst. Nutzer sind nur mit ihrem öffentlichen Schlüssel sichtbar. Allerdings können durch die Analyse der Transaktionen Rückschlüsse auf die Personen gezogen werden (Androulaki et al. 2013).

In der aktuellen Diskussion werden häufig zwei Nachteile von Bitcoin genannt, die dann auf die Blockchain umgelegt werden.

Ein Problem bei Bitcoin ist die Anzahl Transaktionen, die mit etwa 7–15 pro Sekunde relativ stark eingeschränkt ist. Damit ist Bitcoin als Zahlungsmittel im täglichen Gebrauch nicht geeignet. Bitcoin gilt jedoch durch die Vielzahl der Knoten und die geringen Änderungen des Quellcodes als sicher. Neuere Währungen und auf Bitcoin aufsetzende Technologien wie Lightning bieten eine höhere Performance.

Aufwendig bei Bitcoin ist die Arbeit für die Betrugsprävention: Die Miner leisten relativ hohen Aufwand, um den Proof-of-Work (PoW) zu erbringen. Bei Bitcoin ist dieser Aufwand im Wesentlichen die Energie, die die Parteien für den PoW aufwenden. Einer Schätzung des Digiconomist vom Dezember 2017 zufolge liegt der Energieverbrauch des Bitcoin-Netzes für eine Transaktion bei 259 kWh und ist damit in etwa so hoch, wie der wöchentliche Verbrauch eines US-Haushaltes(Digiconomist 2017). Ein potenzieller Angreifer müsste somit mindestens diese Energie aufwenden, um eine nachträgliche Änderung an der Blockchain durchzuführen, wobei der Aufwand mit jedem Block ansteigt.

Eine interessante Idee stammt von Primecoin, bei der als Proof-of-Work nicht irgendeine Berechnung, sondern die Suche nach Cunningham Ketten[1] durchgeführt wird. Damit wird die Rechenzeit für etwas Sinnvolles verwendet (King 2013).

Der inzwischen von vielen als Lösung favorisierte Ansatz ist Proof-of-Stake. Dieser löst das Problem, indem an die Stelle der Berechnung für einen Beweis ein Teilnehmer nach dem Zufallsprinzip ausgewählt wird. Bis jetzt wurde dieser Ansatz jedoch noch nicht in der Praxis erfolgreich erprobt.

Smart Contracts stellen eine interessante Möglichkeit zur dezentralen, transparenten Ausführung von Algorithmen dar. Sie können jedoch nicht automatisch mit Verträgen im juristischen Bereich gleichgesetzt werden. Bei der Verfassung von Smart Contracts ist nicht nur ein umfassendes technisches Verständnis erforderlich, sondern es ist auch die Rechtsberatung durch Anwälte oder Notare gefordert, um die verwendeten Begriffe für die beteiligten Parteien verständlich zu machen und mit der realen Welt zusammenzuführen.

Beim Einsatz der Blockchain sind noch nicht alle Fragen abschließend geklärt. So ist es bei einer dezentralen Architektur häufig schwierig, Änderungen durchzuführen. Der heutige Ansatz, der über eine offene Diskussion der Benutzer funktioniert, ist aber nicht immer schnell und kann im schlimmsten Fall zu großen Meinungsverschiedenheiten führen. Bei Streitigkeiten können sich einzelne Benutzer abspalten und eine eigene Lösung erstellen, wie bei Bitcoin Cash geschehen. Dies führt zu Investitionsrisiken für Unternehmen, die diese Technologien einsetzen wollen.

Die Daten in öffentlichen Blockchains werden nie gelöscht. Dadurch ergibt sich einerseits das Problem, dass die Datenmenge immer weiter ansteigt, andererseits ist das ‚Recht auf Vergessen' nicht zu realisieren.

Schließlich können in einer dezentralen Blockchain auch ‚falsche' Daten gespeichert werden. In der Bitcoin-Blockchain können Beschreibungen für die Transaktion abgelegt werden. Diese wurden in der Vergangenheit missbraucht, sodass sich dort heute

[1]Eine Cunningham-Kette ist eine Folge von Primzahlen, die sich nach einer einfachen Formel berechnen lassen.

vereinzelt Links auf Seiten mit Kinderpornografie finden. Da aus einer Blockchain nicht einfach Daten gelöscht oder geändert werden können, ist der Umgang mit diesen Daten problematisch.

Fazit: Durch den Erfolg von Bitcoin ist die Blockchain-Technologie in den Fokus des Interesses gerückt. Ohne Zweifel ist die Blockchain aus technischer Sicht faszinierend. Auch hat sich die Technologie in den letzten Jahren bewährt. Aufgrund des Erfolges von Blockchain gibt es eine Vielzahl von Vorschlägen für den Einsatz in anderen Bereichen. Es bleibt abzuwarten, inwieweit diese in der Zukunft erfolgreich sein werden. Die Vorteile der öffentlichen Blockchains, zu denen vor allem der dezentrale Ansatz und die Transparenz für alle Teilnehmer zählen, sind nicht in allen der vorgestellten Anwendungsoptionen notwendig. Viele ließen sich ohne größere Einschränkungen als private Blockchain oder zentrale Serverlösung aufbauen, insbesondere wenn eine einzelne Firma das gesamte Netzwerk verwaltet.

Literatur

Androulaki E., Karame G. O., Roeschlin M., Scherer T., Capkun S.: Evaluating user privacy in Bitcoin. In: Sadeghi A. R. (Hrsg.) Financial Cryptography and Data Security. Lecture Notes in Computer Science, Bd. 7859. Springer, Heidelberg (2013)

Digiconomist 2017: Bitcoin Sustainability Report. https://digiconomist.net/bitcoin-sustainability-report-12-2017. Zugegriffen: 12. Juni 2018

King, S.: Primecoin: Cryptocurrency with Prime Number Proof of Work. http://primecoin.io/bin/primecoin-paper.pdf (2013). Zugegriffen: 14. Juni 2018

Glossar

Asymmetrische Verschlüsselung Die asymmetrische Verschlüsselung basiert auf der Verwendung von privaten und öffentlichen Schlüsseln zur Codierung und Dekodierung von Nachrichten resp. zur Unterzeichnung von Nachrichten mit digitalen Signaturen.

Big Data Big Data sind umfangreiche Datenbestände im Tera- bis Zettabyte-Bereich (Volume) mit einer Vielfalt von strukturierten, semi-strukturierten resp. unstrukturierten Datentypen (Variety) sowie mit hoher Geschwindigkeit bei der Erzeugung und Verarbeitung von Data Streams (Velocity).

Block Ein Block einer Blockchain besteht aus einem Kopf (Block Header) mit verschiedenen Teilelementen und einem Hash-Baum (Merkle Tree) mit den Transaktionsdaten in den Blättern.

Blockchain Eine Blockchain oder Kette von Blöcken ist die grundlegende Datenstruktur für ein verteiltes Register von Transaktionsdaten, welches über Peer-to-Peer-Netzwerke und Konsensalgorithmen ohne zentrale Kontrollinstanz auskommt.

Blinde Signatur Eine blinde Signatur ist eine digitale Signatur, bei welcher der Inhalt der Nachricht (z. B. Stimmabgabe) geheim bleibt, die Nachricht selbst jedoch im Verfahren einer Blaupause unterzeichnet wird.

H.-G. Fill und A. Meier, *Blockchain kompakt*, IT kompakt,
https://doi.org/10.1007/978-3-658-27461-0

Coin Eine Coin ist eine digitale Münze (Geldeinheit) einer elektronischen Währung (z. B. Kryptowährung).

Digitale Signatur Die digitale Signatur basiert auf einer asymmetrischen Verschlüsselung mit privaten und öffentlichen Schlüsseln und dient als elektronisches Siegel (codierter Hash-Wert), um Nachrichten, Dokumente oder Verträge elektronisch zu unterzeichnen.

E-Voting Elektronische Abstimmungen oder Wahlen können mit einer auf Kryptowährung basierten Blockchain, mit Smart Contracts oder mit einer Ballot Box (verteilte Wahlurne) realisiert werden.

Hash-Wert Ein Hash-Wert oder Streuwert ist eine Zahl fester Länge, der von einer mathematischen Funktion resp. durch einen Algorithmus berechnet wird. Ein Hash-Algorithmus generiert für jede Nachricht resp. für jedes Dokument einen Wert fixer Länge, als Surrogat für die Eingabedaten.

Identitätsmanagement Ein Identitätsmanagement mit Hilfe einer Blockchain hat den Vorteil, dass pro Teilnehmer nur noch eine einzige digitale Identität verwaltet und vom verteilten Register systemtechnisch ohne zentrale Instanz kontrolliert wird.

Initial Coin Offering Ein Initial Coin Offering oder ICO dient dem Fundraising mit Hilfe von Kryptowährungen.

Konsensalgorithmus Algorithmen zur Ermittlung eines Konsenses unter den Knoten eines Peer-to-Peer-Netzwerkes funktioniert entweder mit der Methode Proof-of-Stake (Vermögensnachweis) oder Proof-of-Work (Arbeitsnachweis).

Kryptografisches Puzzle Ein kryptografisches Puzzle dient dazu, eine Zufallsauswahl unter eine Menge von Knoten einer Blockchain durchzuführen, ohne dass eine zentrale Instanz erforderlich ist. Dazu wird von allen Teilnehmern unabhängig versucht, einen Hashwert in einem bestimmten Zielbereich zu erzeugen. Derjenige Knoten, der als erster eine Lösung gefunden hat, wird ausgewählt.

Kryptowährung Kryptowährung oder Kryptogeld sind digitale Zahlungsmittel, die mit Hilfe einer Blockchain und den zugrundeliegenden kryptografischen Verfahren abgesichert sind und keiner zentralen Kontrolle (Bank, Aufsicht) unterliegen.

Merkle Tree Ein Merkle Tree oder Hash-Baum ist ein Binärbaum, bei dem die Blätter die Nachrichten, Dokumente oder Transaktionsdaten enthalten. Die Knoten werden erzeugt, indem man aus den Teilbäumen Hash-Werte generiert und kombiniert. Der Wurzelknoten (Merkle Root) ist ebenfalls ein kombinierter Hash-Wert, der alle darunter liegenden Werte in einem einzigen Wert zusammenfasst.

Private Blockchain / Permissioned Blockchain Wenn der Zugang zu einer Blockchain auf einen bestimmten Teilnehmerkreis eingeschränkt wird, spricht man von privaten oder permissioned Blockchains, vereinzelt auch von Konsortium-Blockchains. Es können dann gezielt Berechtigungen an einzelne Teilnehmer zum Lesen und Schreiben von Daten auf die Blockchain vergeben werden bzw. eigene Kanäle (Channels) zur Übermittlung vertraulicher Informationen eingerichtet werden.

Proof-of-Stake Beim Proof-of-Stake oder PoS wird ein Konsens erzielt, um den Erzeuger des nächsten Blocks zu gewinnen. Dabei gelangen gewichtete Zufallszahlen zur Anwendung, wobei die Gewichte aus Vermögenswerten (Stake) ermittelt werden.

Proof-of-Work Unter Proof-of-Work oder PoW versteht man die Lösung eines kryptografischen Puzzles, um einen Konsens unter den Knoten eines Peer-to-Peer-Netzes mit der Hilfe eines Arbeitsnachweises in Form von durchgeführten Berechnungen von Hash-Werten bewerkstelligen zu können.

Smart City Smart City umfasst die Nutzung von Informations- und Kommunikationstechnologien in Städten und Agglomerationen, um den sozialen, ökologischen und ökonomischen Lebensraum nachhaltig zu entwickeln.

Smart Contract Smart Contracts sind Algorithmen, die dezentral auf einer Blockchain ausgeführt werden. Sie ermöglichen die transparente Durchführung von Transaktionen auf einer Blockchain und die Speicherung und Verarbeitung von beliebigen Informationen.

Smart Grid Intelligente Stromnetze oder Smart Grids steuern Erzeugung, Speicherung, Übertragung und Verbrauch elektrischer Energie eventuell mit der Hilfe von Blockchain-Technologien.

Token Ein Token ist eine digitale Werteinheit, um den Wert eines materiellen oder immateriellen Guts zu repräsentieren. Beispielsweise lassen sich damit Anteile an Unternehmen, Besitzverhältnisse an Immobilien, Nutzungsrechte von Dokumenten oder digitale Identitätsnachweise nachbilden. Tokens können durch Smart Contracts abgebildet werden.

Zero-Knowledge Proof Bei einem Zero-Knowledge-Verfahren wird zwischen dem Prüfer (Prover) und dem Verifizierer (Verifier) einer Transaktion ein Beweisverfahren angewendet, das dem Verifizierer erlaubt, den Wahrheitsgehalt der Transaktionsdaten zu überprüfen, ohne den Inhalt zu kennen.

Stichwortverzeichnis

H.-G. Fill und A. Meier, *Blockchain kompakt,* IT kompakt,
https://doi.org/10.1007/978-3-658-27461-0

Printed in the United States
By Bookmasters